林
博

Journal of the Museum of Chinese Gardens and Landscape Architecture

中国园林博物馆 主编

03

2017/1

中国建筑工业出版社

《中国园林博物馆学刊》

编辑委员会

主办单位　中国园林博物馆
编辑单位　园林艺术研究中心《中国园林博物馆学刊》编辑部

地　　址　北京市丰台区射击场路 15 号
投稿信箱　ylbwgxk@126.com
联系电话　010-83733172

目 录

展览陈列

科普教育

综合资讯

植物生态研究及保护
——张新时院士访谈录

张新时： 1955年毕业于北京林学院，1985年获美国康奈尔大学生态学与系统学系博士学位，中国科学院院士。历任中国科学院植物研究所所长、北京师范大学中国生态资产评估研究中心主任、中国生态学会常务理事、中国青藏高原研究会常务理事、IGBP（International Geosphere-Biosphere Program）中国委员会常务理事、GCTE（Global Change and Terrestrial Ecosysterm）中国委员会委员、IUBS（International Vnion of Biological Sciences）中国委员会委员、国务院学位委员会委员、环境保护委员会科学顾问等职。长期从事我国高山、高原、荒漠与草原植被地理研究，国际著名生态学家。

采访人： 张先生，您在植物生态学这方面做了大量的研究，首先请给我们简明扼要地讲一讲您的研究成果。

张新时：好的，大家知道，地球生态系统有森林、草原和荒漠，下面介绍我做的一个生态系统。这个系统是用气候，主要是降水和温度跟生态系统结合建立的，我把它叫作太极系统（图1）。为什么叫太极系统呢？大家知道中国古代太极系统是对宇宙万物的一个表现，认为事物是有阴阳、正负两个方面，而且中国的五行说把地球的物质分为金木水火土。我就借用这个太极系统来构成一个生态的系统，来表示地球系统。

我用的是太极本身的构造，最北边的是水，最西边的是金，东边是木，南边是火，中间是土，金木水火土这也是一个民谣：西方黄沙如金，西边是大沙漠，黄色的；东方林木森森，东边是降水多的，是森林的；北方寒水成冰，是北极，很冷的；南方赤日炎炎，是非常炎热的；中土离草青青，中间是草原，我就利用太极这个系统建立了一个数字化的地球生态数字模型。

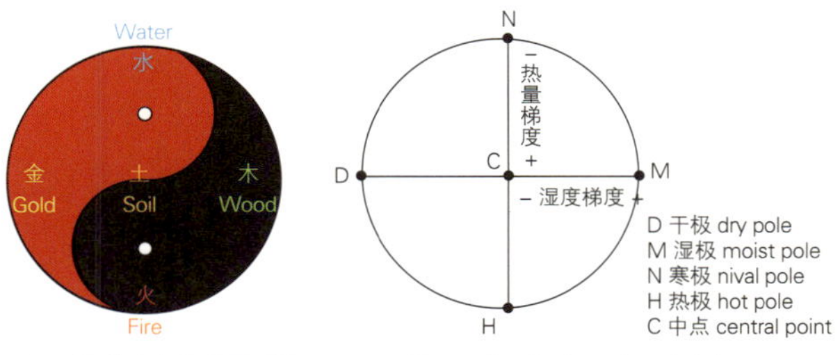

图1　地球生态的太极系统　图2　基于温度和湿度而建立的太极圈

图2看到这个圆圈就是整个的太极圈，是对整个地球的分析。东西南北这四个点是符合于温度带的分析，中间是温带，中湿度的。这个横的是降水，降水度，南北是温度的分布。这个太极模型跟环境、气候大概有这样一个关系，这是很简单的一个模型。

看一看这个图式（图3），就是划分出来的不同的类型。中间的黄色是草原，以温带草原为主，北边紫色的是泰加林一直到北极，南边红色的是热带，东边是湿润的森林，西边是干旱的荒漠。从西到东是荒漠、草原到森林，从南到北是热带、温带到北极，这里面有54个生态系统类型。

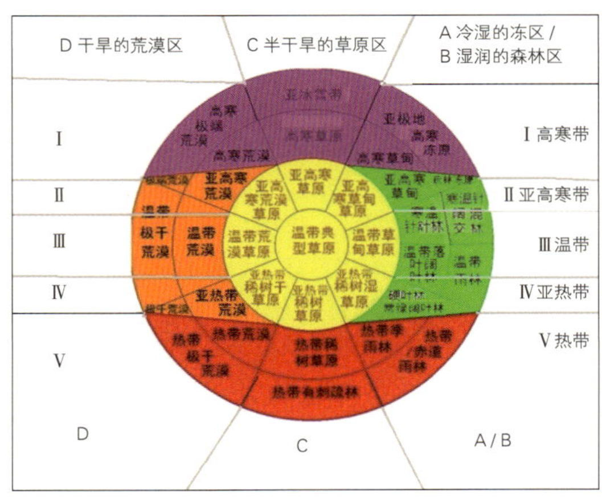

图3　太极气候—植被模型

中国植被的现状分布北京是在温带阔叶林。北边的是泰加林，就是东北和西伯利亚的泰加林。针阔混交林在最东北角上。中间是亚热带的阔叶林，温带草原分布在我们国家和蒙古到苏联，并一直延伸到欧洲，我们叫它欧亚大草原。西北部是温带荒漠。中国有一个特殊的地方，就是青藏高原，在这个四五千米高度的草原上面都是高寒的植被。

这里我要讲一个事情，就是徐迟的《生命之树常绿》讲述的故事。在20世纪60年代，周总理访问非洲和中东后坐飞机回来，从飞机上看到他一路经过的地方都是非常荒凉的沙漠，可是到了云南就是一片葱绿。他就问蔡希陶老先生，为什么从非洲、亚洲一路过来都是回归沙漠带，到了云南就是热带雨林呢？蔡希陶回答是，周总理看到现在变沙漠的地方本来都不是沙漠，是人为过度开垦导致的。大家知道两河地区（幼发拉底河和底格里斯河）是很著名的绿洲，因为开垦破坏太多，所以变成了沙漠。

回归沙漠带属于亚热带，而在我们中国云南和广西、广东、湖南这一带也是回归线，那为什么不是沙漠带呢？当时我从青藏高原下来，比较关心这个问题。当时在国际的气象学界做了一个很好的工作，就是用计算机模拟这个情况。通过一位美籍的日本科学家所做的计算机模型来看，如果这个地方有青藏高原存在的话，它的北边、东边就不是沙漠，如果把青藏高原抹掉，那么在我们现在湿润的亚热带常绿阔叶林的地方就是沙漠。所以当时我根据气象学家们的研究写了一篇论文，就论及中国的亚热带在青藏高原隆起之前曾经都是荒漠。青藏高原的隆起改变了大气环流，使得降雨增多，从那以后，我们的亚热带就从荒漠变成了现在的常绿阔叶林。

这篇论文我在美国密苏里植物园会议做了报告，文章在送审准备登入学报的时候，旧金山的一位美国古植物学家不同意我的看法。他说最近在中国的亚热带发现了一个化石，这个化石是大叶子的。大叶子的化石毕竟是阔叶树，是很湿润的，不可能是荒漠里面长的，所以就否定我的说法。编辑部跟我联系让我改，我不改，为什么呢？我们植物所的一位非常有名的古植物家给我三张图，说明在第三纪的时候，亚热带这个地方有三个干旱点，有石膏沉积的点，说明那边是干的，他把这个图给我，我底气就硬了。但大叶树是客观存在的，当时做报告有学生就问了，既然是荒漠，为什么会有大叶树的存在呢？我说这个问题很容易就解决了，因为即使再干旱的地方也可能有一些河流，有河流和湖泊的地方有水，就可能长这种树，所以说在干旱地区出现大叶子的化石也是完全可能的。所以这篇文章我坚决不改，后来那位旧金山的古植物学家到中国来开会，我们见面我也这样跟他说的。他回去后决定采用这篇稿子，并且没有修改。我们植物所有个古植物学家叫孙湘君，是我们古植物室的主任，他也写了一篇文章在国外发表，文章提到在我们亚热带地方就不是三个点了，是五百个点都是干的，所以就进一步证实在第三纪的时候，我们的亚热带常绿阔叶林的地方曾经是干旱的荒漠，或者是稀树草原，而不是现在的这个。

采访人：还想请您介绍一下中国比较特殊的生态环境？

张新时：我想介绍一个特殊的生态环境，就是楼兰的生态圈。楼兰在新疆的东南角，是一个非常古老，也非常干旱，非常偏远的地方，具体很特殊的生态环境。位置大概是新疆巴音格勒自治州的范围，是荒漠地区的大陆上最干旱的核心，每年降水大概也就在10 ~ 50mm，非常干旱。所以这个地方的生物是很微弱的。

我们在楼兰考察，这个地方长着一群树，大概都有几百年。这个胡杨林只有这种老树，没有新生的幼苗起来。那既然没有新生的幼苗，这些树是从哪里来的呢？因为这个地方离塔里木河很远，洪水到不了这儿，它的地势也比较高，可是老树都是三四百年以上的。是人种的吗？不可能，这两边根本没有居民，也不可能引水来。但即使在塔里木沙漠里面，它也有百年一遇的这种大暴雨，形成洪雨。因为塔里木河北面是昆仑山，然后是青藏高原，然后是喜马拉雅，喜马拉雅再下面就是印度洋的孟加拉湾。如果碰到特大的降水年份的话，湿气可能会越过喜马拉雅的路口，甚至越过昆仑山，到达塔里木盆地，造成这个大雨，这种概率大约几百年有那么一次、两次。只要一百年里面有那么一两次这种暴风雨带来的水，那么就可能碰到胡杨下种的时候，就能在一些土地上形成幼苗，形成一种胡杨林，但是他们的后代基本上没有，因为这个洪水很难再发生，就是发生了也不一定能到这个地方。所以这些胡杨完全都是这种百年一遇的暴雨造成的。

我们考察的时候还遇到了一件多年不遇的事，就是天山上起了暴雨，这个暴雨就是在焉耆盆地，焉耆盆地有个大湖在那儿，就造成了洪水。洪水把湖边的发电机组都淹没了，并且流到塔里木里面来。我们汽车就跟着它走，超过它，然后到了它的终点，然后再回过来，它还在往前流。在塔里木河下游有水，就是那边流来的水，旁边的胡杨林就得到了浇灌，得到了新生。

在楼兰的边上有一条湖，台特马湖，我们去的时候这个湖底完全是干的，人在上面走一点问题没有。大概过个半天水就会过来把它淹没，形成一个很浅的湖，这就是在塔里木这边发现的有水的唯一的一个湖。湖边有老的胡杨林、芦苇，植物种类大概几十种，最普遍的就是胡杨和芦苇。

附近有一些罗布人在罗布泊的村庄住。虽然那么干旱，只要有水就有绿色，就有树木，就有农业。农业只要有水灌溉，产量还是很高的，因为阳光非常充足。楼兰的红枣非常大，非常甜，当地农民致富就是靠种红枣。这个红枣是河南的品种，在这边种个子大，含糖量比河南高得多，河南人就把这个红枣，以河南的名字出口到南洋一带。

绿洲的边缘都是砾石，旁边有一些柳树、柽柳，柽柳开得花特别鲜艳，绿洲的边缘，里面是农田，外面是荒漠。很奇特还有红柳沙包、黄柳沙包，这东西就是一棵红柳枝，里面都是沙，是沙堆积起来的一个圆包。现在对这个圆包到底是风积的沙形成这个圆包，还是它原先是平地面，上面的土都被吹走了，有红柳的地方留下来了形成一个包，到底是正向的，还是正向负极的，科学家们还没有定论，很奇特的一种景观。

当地有一种特殊的植物叫作盐角草，生长于盐滩上，成熟的时候为红色，非常漂亮。它的嫩枝可以吃、做菜，叫作盐芦笋，像芦笋一样，但是它是在盐滩上长出来的，因为有些盐滩上留有水，所以长这种盐角草，是在当地唯一生产的一种可以当作食物的东西。沙棘藤是另外一种盐生植物，一年生的，因为太阳非常强烈，在有点水的地方，一年生就生成那么大丛，生产力相当高。

采访人：您再讲讲在新疆遇到的有趣的事情，或者西部的植被。

张新时：我是1955年到新疆，那时候我曾经在新疆考察过不同的地方，我想说一下新疆的野果林。在伊犁谷地里面有一处天然的野苹果林，很大一片，在山坡上很漂亮。到新疆的第二年，我就带着一个锡伯族的学生去了伊犁。第一次去我不知道路，我们到了一个天然林场，就在锡伯族居住的附近。那个地方靠山边上有一片天然的胡桃林，这个胡桃林不是人工种的，是天然长的。

那一次接触让我知道，在新疆伊犁不同的地方还有大片的野果林，比我这次看到的好得多。后来我参加科学院驻新疆考察队的时候，曾经经过一个叫果子沟的地方。从新疆到准噶尔，要往伊犁那儿过，要走过一个很美丽、很陡的峡谷，这个峡谷里面的山坡上就长着野苹果，开花的时候很漂亮。不但有野苹果，还有野杏子，野杏子很漂亮，金黄的颜色，吃起来也很甜。野苹果味道比较苦涩。我看到的还不是很多，来过果子沟的人知道，那边不成林，都是散生的野果林。后来我就听说在伊犁谷地里面有一个新源县，还有巩留县，有大片的野果林。于是我在新疆八一农学院教书的时候，有一年夏天和另外两个教师一起去了新源、巩留的野果林。

新源的野果林在伊犁谷地比较上游的地方，靠着山坡，整个山坡都是野苹果，相当大面积，一直到山脊上都是，山高的地方就被云杉林代替了，因为云杉林比较耐寒，野果林不能太高，太高了温度低。我们就在新源的野果林做了一个多月的考察，调查样方。那片野果林没有被动过，非常漂亮野果林下面是野生的凤仙花，水晶凤花，叶子铺满了地，镶嵌得非常漂亮。那里不但有野苹果，还有野核桃、野杏子、黑莓。我在那儿考察了做了很多样方，划分了很多类型，也采集了很多植物标本。那次考察获得的信息资料比较多，包括野果林分布的地理海拔高度、坡向坡度、土壤的情况等以及林子下面的草本、灌木都有所了解。回去以后，我针对调查写了一篇报告，但不久赶上搞运动就搁置了。10年之后我到植物所编《中国植被》的时候，这个油印本被植物所看见了，认为很有意思，然后在植物生态学报发表了。

这篇报告发表以后比较有影响，因为我做的是很地道的植物生态学的调查研究，而野果林这个类型是非常特殊的，我是第一个完整科学报道的人。当地搞园艺的人重视的是果子的品质，而我是从生态学方面研究野果林的。所以在《中国植被》编写的时候，野果林是完全根据我的资料来写的，野果林应该说是非常珍贵的，因为它是现在栽培苹果的始祖。

当地老乡有的把比较甜的苹果移到他们的花园里面，变成家苹果了。而这个野苹果不光是我们中国有，在伊犁谷地，从天山一直往西沿到哈萨克斯坦。哈萨克斯坦首都阿拉木图，阿拉木图是Alma Ata的翻译，Alma是苹果，就是苹果之城。他们那边也有野苹果，但是完整的程度比我们的野果林差一点。

“文革”以后我出国待了一段时间，回来之后又带一些同志去伊犁，再看野果林的时候，简直伤透了心。原来这片林子非常美丽、恬静，现在由于放牧全是牛粪，长满了艾蒿、蝎子草，野果林被糟蹋得一塌糊涂。后来我又去过很多次，情况越来越糟糕。因为这片野果林被当地作为哈萨克人的养牛场，地上长的蝎子草有三四米高，粗度大概有小竹子那么粗，连狗都不敢钻进去，因为非常密，整个野果林就变成了蝎子草称霸的地方。之前因为野果林下面的灌木上有鸟，所以没有虫子。现在因为破坏，鸟窝都搭不上，所以虫子非常多，尤其巩留县那边的野果树几乎全军覆灭。所以我跟他们新疆生土所的人说要跟自治区反映，但是自治区的人也表示没有办法协调林和牧。

采访人：除了野果林，其他的植物群落是不是也受到了破坏？

张新时：也受到了，比如云杉林。新疆的云杉林是我们国家生产力最高的云杉林，在巩留县据说树高有100m的，有记录是70多米的，有3m多胸径，非常大。这个林子是非常宝贵的林子，我去看过。但是后来云杉林下完全被牲畜践踏了，表面的东西完全没有了。原来林子底下有一些蕨类，现在什么都没有了，甚至云杉的落叶、落果都没有了，地上都是光光的。一片林子一点儿幼苗都没有，光秃秃的就完蛋了。这些是我们国家自然的财富，被破坏了是很悲惨的。

采访人：在您的研究过程中，有没有发现西部植被的变化对环境和气候带来什么样的变化？

张新时：全球气候变化的影响现在是慢慢的，还很难说。像伊犁，伊犁谷地的口是朝西开的，就是朝哈萨克斯坦的那个口开，是慢慢地往东就高上去。从哈萨克斯坦那边吹来的空气，顺着这个沟就上去了，越高的地方温度就越低，就变成降雨降下来，所以在伊犁谷地的最后面降雨量非常大，甚至可以达到800mm，个别时候会接近1000mm。正是因为有这么大的降雨，再加上阳光比较好，所以云杉林长得那么好，那么高，那么快，野果林长得那么茂盛。但是全球气候变化这个东西没有系统的观测，没法说。

采访人：但是西部的植被确实是在减少吗？

张新时：是，尤其是荒漠非常清楚，我 1950 年去的时候准噶尔荒漠里面还很好，很完整，有梭梭林。尤其是在准噶尔里面有一类特殊的植物叫短命植物、短生植物。这些植物只在春天下一阵雨的时候发起来，大概四五月份左右，然后就马上开花结实。在不到一个月的时间，从开花到结实，就完成它这一年的寿命了，所以我们把这种植物叫短命植物、短生植物，它能够在一两个月之间完成它整个生命周期。

这种短生植物是非常有价值的，在荒漠里面是重要的植被，因为准噶尔是唯一在春天下雨超过夏天的地方，所以春雨就是为这个短生植物来的。郁金香就是短命植物，还有一种叫作阿娓，是一种多年生的短命植物，我在新疆见到过很多次。在新疆有很多地方名字叫阿娓滩，就是这些地方都长阿娓。这个阿娓在春天长出来以后，在一个月不到的时间就长超过一人多高，很粗很壮，一两个月就枯死了。它是上面死，地下不死。在地下它有一个大疙瘩，就像一个大咸菜一样大，是多年储藏下来，渐渐地长大。阿娓是一种药，对胃很有好处，还有其他的作用，这种东西在荒漠里面是很珍贵的资源，有待于研究、开发。

采访人：据了解，您建了好几个重点实验室？

张新时：我建了一个实验室是数量生态学，就是把数学的方法用到生态学分析上来。这个实验室是在科学院的支持下建立起来的，完全用数量的方法，而且是把气象、气候学跟植被结合起来，利用气候这个因子来划分植被的内心，这个工作已经完成了，而且我们用植被图的方式来做。现在这个数字的植被图已经成功了，得到了国家的二等奖，早前我参加编著的中国植被那本大书也得了国家二等奖，是 20 世纪 80 年代得的。

采访人：张先生您还有别的希望吗？

张新时：我现在准备把我写的大概 100 多篇文章，包括在国外和国内发表的，作个选集，给自己做个留念吧。

中国现代园林教育的创建
——陈有民先生访谈录

陈有民：北京林业大学教授，园林教育家，中国现代园林教育的创始人之一。长期从事园林教育工作，主编了《园林树木学》，主持了中国园林绿化树种区划等科研工作。曾任林业部普通高等林业院校园林专业指导委员会主任、北京市政府园林顾问、中国风景园林学会理事、中国园艺学会常务理事等职，享受国务院政府特殊津贴。

采访人：陈先生，首先想请您介绍一下我国现代风景园林教育的创建过程。

陈有民：中国园林在世界上非常有名，有一个时期，国外很多国家的园林形式都要看一看中国有什么特点，仿效中国的这些优点，所以中国园林是很值得发扬光大的。但是也有一个问题，中国园林在本国、在世界上这么有名，培养这个专业人才的机构、方法等等，倒没什么详细的记录，也没什么详细的机构被大家所熟悉，这是一个比较奇怪的地方。《园冶》就说到百事皆传于书，各种技艺、文化、技术、科学都有书可传，而独无传造园者何。就是说为什么唯独没有传造园者的记录？这个问题一直多少年也没有解决，直到发现了计成著的《园冶》，他写了怎么选地、造园，造园有哪些成分，怎么安排等等，但是这本书当时在中国已经不全了。后来经过了很多留学生探索知道，在日本有比较完整的一个版本，几经周折到中国翻译出来。那就说培育园林人才在理论上有这么一本书籍流传下来。

以前在中国，没有哪个学校专门培育造园人才的，一直到新中国成立以后才有了机会。在一次城市建设的会议上，周恩来总理就谈到造园这个工作，而且把造园工作定为城市基本建设工作内容之一。当时汪菊渊先生才三十几岁，有一次就跟我说，周总理提过，咱们所教的这些课程是城市建设必需的工作，这门课会发达起来。之前我们是北京大学农学院园艺系，在园艺系开了花卉园艺学、观赏树木学、造园艺术三门课。这门班课以外就是果树、蔬菜，还有加工等等。造园这方面就等于只有花卉、观赏树木、造园艺术。当时新中国刚成立，经济方面都很拮据，国家大量的工作应当恢复生产，将这门班课取消了。

自从周总理在报告上提到了造园工作是属于城市基本建设的内容之一，在这种背景之下，汪菊渊先生和清华大学营建系的梁思成先生、吴良镛先生，在一起谈论城市建设的时候，就谈到了园林绿化这方面的工作，既然城市建设这么重要，能不能合作，为国家培养一些园林建设人才呢？大家都有这个期望，都有这个雄心壮志说应当培养，咱们国家一向没有，现在两方面可以合作办学。后来报到教育部高教司后，高教司允许试办。

当时教这方面课的人很少，只有汪菊渊和我两个人教这三方面的课程，花卉、造园、观赏树木，所有的实习实验就归我管。当时在教育上提出要学习苏联，后来又提全面的、各方面都不走样的学习苏联，我们又赶紧打报告给教育部，又通过有关部门要苏联的城市园林绿化教育方面的教学大纲、教学计划以及各课程的教学指导等材料，通过外交部去联系，还得转林业部，手续很多。最后还算顺利，我们就在北京农业大学（原北京大学农学院）的园艺系成立了这么一个试办的造园组。

1951 年，从园艺系的 60 余个学生选了 10 名，由我带到清华营建系去试办造园组，就长期住在清华，有些课程就在清华开了。在清华的水利馆找了一间办公室，成立造园组办公室。平常是每个星期汪先生去一次，看看各方面的情况，我长期带学生住在那儿，要安排新开的各种课程。

当时造园组的课程参照苏联的教学计划、教学大纲，原来素描课没有，要在清华开，水彩画没有，也在清华开，工程制图在农大也没有，也得清华开，工业方面以及工业基础课由清华开。但是造园要搞花坛、行道树、绿化、防护林带等，清华没有花草树木这方面的专业课，那全是我跟汪先生两个人来开。这样1951年在清华很多基础课、专业基础课就开起来了。

还有一些关于林业方面的，像防护林、大地绿化、造林等方面也要学，那得由林业部、林科院请人来，也是来了以后要提出教学要求。像分类学，由林科院、中科院植物所讲，都是野生的草本不行，还要讲一些木本，要尝试园林绿化需要的这些分类等等，这些都要请他们重新准备课程内容。

我们在农大的时候有苗圃，有花圃、温室，有标本等等，可到清华，凡是农业、植物、植物生理、植物生态、土壤学等基础课都没有，又得补这方面的课程。1951年在清华又开辟花圃，找总务处要地，找他们派工人，建了五间温室，我们有花卉课、观赏树木课业务方面的实习，要训练、要教学，这些条件逐渐都搞好了。我觉得欣慰的就是，在没有什么经费的基础上，我们把这些都很好地完成了。

创造一个专业，现在想花点力气就创造起来了，实际上在当时是困难重重，要克服很多的困难才完成。我们在国家建设工作里，经常会遇到大量类似的工作，都希望我们要多动脑筋，把它当作一个很重要的工作，多想办法，那就一定能成功完成。

1951年有两个学生不想学这个专业，又回去学园艺了，最后有8个人坚持下来了。到了1952年，按照苏联的教学计划，有一个南方生产实习，暑假里要抽出三四周到南方几个城市，看看园林业务单位究竟做哪些工作以及工程师、技术员所担负的究竟是哪些工作。这样我和汪先生两个人就带着这8个学生去了南京、苏州、无锡、上海、杭州这五个城市。

每个城市都有特点，比如南京有革命烈士陵园，那就是碰到一个规划设计问题，选址在什么地点比较合适，纪念堂怎么放，入口、通道跟周围的关系等，都牵扯到城市建设的内容。然后到无锡、苏州，苏州是古典园林，小型的苏州园林有哪些特点，这时候又专门请了清华营建系的老教授刘志平先生，专门由北京到苏州给我们讲，分析苏州的一些著名园林。到了上海，程世抚先生在主持改造人民广场，人民广场原来是一个跑马场，那时候改成纪念性的人民广场，用一半的地方建造绿化广场，我们正好赶上施工，就都去参观。还参观了工人住宅区的绿化，这都是在城市建设里的重要内容。最后到杭州，又专门看了风景区，当地的工程师非常仔细地介绍了经验，我们在那儿还开了讨论会。这个收获很大，所以以后我们造园专业培养人才计划就有这一条，把南方参观实习当作内容之一。

按照跟清华定的合同说共同合作两年，到1953年的暑假以后就要结束了。我跟汪先生觉得挺可惜的，好不容易合在一起，共同教，培养一个完整的园林人才。过去我们光是有园艺，很多东西没学过的，现在跟建筑系合作就比较完整，不过又要马上就结束了，觉得挺惋惜。

当时清华定为重工业的重点学校，造园艺术这个专业不算重工业，所以就没法继续合作，我们要回到农大去了。最后就跟清华吴先生、梁思成梁先生他们商量，经过清华领导同意，清华建筑系派一些先生到农大来教这个专业的学生。这样有些课程，原来在清华学的，现在就改在农大去学，由清华的老师来教课，改成这样，所以得以继续延续了。到1953年造园组就由清华回到了农大，这一段经过经验宝贵，困难挺多。因为知道的人不太多，就8个学生，跟下一个班的学生10个人，一共就18个学生，这是经过合作来搞这个专业。

采访人：当时对具体开什么课有哪些考虑？

陈有民：我和汪先生经常在一块，谈谈具体要开什么课，课开不足不行，开足了净是没用的课也不行，必须是对我们专业有用的课。比如测量学，搞造园，要平整土方、要改造地形，就必须会测量，要规划，给一片荒山、荒地，或者池塘，池塘做成什么样，水文情况怎么处理，怎么规划，道路系统怎么安排，给水排水等，都需要测量学。可是过去在农学院的时候，不开测量学，只有森林工程系开。造园组学这个测量，到清华去学的。清华就是学内容，因为我在清华，我要了解各科内容的深度、广度，去听了一下，觉得教法跟我们原来的不一样。那时候我教的是平板仪、经纬仪，还有水准仪，主要这几种我全拿来先让大家认识，我们搞造园，将来用这些仪器，每种仪器要怎么学、怎么用，让大家全面地了解，到校园里头拿着仪器做实习。在清华，测量学就给土木系和建筑系来开课，就讲一个经纬仪，讲得比较细，实习也就用经纬仪来实习。园林都是大面积的，平板仪用得比较多，或者要测树了，用测树仪，测树仪在测量学里不讲。这是举例子。

机械制图，第一班要求有渲染，建筑系和土木系不一样，土木系渲染做得少，建筑系在制图里面渲染要做得很多。可是在我们第一班学了工程制图（渲染）、素描，没有学投影几何。第二班建筑系就给加上投影几何，投影几何是合班教，机械系、建筑系和造园都学投影几何。要了解新课程，就跟学生一块学，凡是新课，我都参加学习，来体会内容，我觉得学完没什么用处，将来这课基本可以取消。

建筑系本身也是阴影、透视、画图等等，也不必要用求阴影的方法把斗拱给它求出来，完全用不着，所以后来我想这班课可以取消，就提出这种建议。类似这种情况还有，就是在造园里头我们要学营造学，这是过去在农学院学不到的，建筑系自己有营造学一、营造学二，两个营造学要学一年，给我们就开一个学期的营造学一，去参加学习觉得不够，我就专门去听建筑系的营造学二，看看它的内容，这样来增减我们的教学内容。

1951 ~ 1952年的时候，国内有批判大屋顶的一个运动，因为有些招待所把厕所都花了高成本，修成大屋顶，大屋顶在正殿用斗拱有那个气势，形式上有这个要求。厕所这种附属建筑要这么搞，太浪费了。梁思成先生是研究古建筑的，以他为中心的研究人员受的干扰比较大。造园要学中国建筑，这些大屋顶还学不学、学到什么程度等等又是问题，我们要让学生仔细学习这个，什么是正的方向，哪些是偏的方向等等，正确的路线是怎么个路线。最后得出一个结论，我记得是周总理总结出来的，大概就是牵扯到实用、经济、美观这三个条件怎么摆。大屋顶注重形式、注重美观，屋顶搞得很大，从形式上感到很庄严、很气派，但是成本非常高。大屋顶实用性比较差，像北大的老建筑都是进屋里必须要整天开灯，采光太差了。周总理提出的是，首先是实用、经济，在可能条件下要求美观，建筑要合用、要实用，盖起来要经济，在这种实用和经济允许的条件下照顾到美观，要掌握这个原则，这才是正确的方向。

总的来讲，由 1951 ~ 1953 年是一个阶段，1953 ~ 1956 年又是一个小阶段了，这几年就是自己办，我跟汪先生两个人是不够用了，就留下两位自己培养的新毕业学生张守恒和郦芷若，清华这边虽然不办了，也留了两位，一个是朱钧珍，一个是刘承娴。

采访人：陈先生您还记得，最早为咱们造园组授课的有哪些先生吗?

陈有民：首先，素描是李忠津，他还比较有名，画过毛主席像，后来学完素描学水彩。教中国建筑的叫刘志平，刘志平跟梁先生他们是同辈的老先生，教城市规划是吴良镛。还有朱自煊，教工程画，跟我们这一组学生最熟了。讲森林学的是郝景盛，就是五个博士学位的郝景盛。苗圃学是保定农学院一个老教授教，叫于衡，还有一位是汪先生的爱人余静淑。

采访人：对于咱们风景园林学科教育人才培养方面这么几十年走过来，您有什么样的体会?

陈有民：体会可以说非常深，因为波动挺大，像 1953 年合同期满，由清华回到农大，回到农大之后，我们还是按照高教司那时候批的方针，苏联的教育计划叫城市及居民区绿化，他这个专业放到列宁格勒林学院，那时候中国一切都学习苏联，不能自己改。比如土壤学，按照苏联大纲的土壤学，那就是工程学历，就是搞大的水利工程。汪主任一看这个没法教，学了也没用，不可能让你搞园林的，搞个大的水库，连发电带调洪什么，不可能把这种任务给我们。所以我们的土壤学还按照农学院农业生产上的土壤学来教，或者栽花种树这个农业方面用的土壤学的知识。它跟纯工程的不一样，所以就给它改了。

1956 年以前都是按照原来计划这么维持的，等到 1956 年以后就改成城市及居民区绿化，苏联放在列宁格勒林学院，中国也应当放在林业部，放到林学院。现在北京林业大学在 1956 年时是林业部的一个重点学校，叫北京林学院。中国按照这个政策一执行，全专业就调到北京林学院来了，这点是一个变化。

领导方面也有变化，在农大是高教口，那时候组长是汪菊渊，我学习还算比较好，就把我留下当助教，就教花卉、观赏树木、造园艺术三班课了。归到林学院以后，汪先生推荐武汉华中农学院园艺系的陈俊愉过来当副系主任，他在那儿当教授。然后有一位比汪先生还老一辈的，在法国凡尔赛学校毕业的，调来当居民区绿化系的正主任。以后还有武汉的，跟陈俊愉一起留学丹麦的余树勋，过来教工程学，工程教研组主任。然后有济南教植物学的于衡，也是原来金陵大学的老人，来教苗圃学。浙江孙筱祥也过来，到我们这儿来进修，也附带着教造园艺术。还有清华的金承藻，调到林学院来教投影几何。然后把这个专业继续搞起来。

搞起来毕业又留两个学生，1956 年毕业，孟兆祯是第四班毕业的，他爱人杨赉丽也留下了。这就在林大成立这么一个居民区绿化系，后来就叫园林系。

我那时候讲过花卉、园林艺术和观赏树木，创办这个专业我了解各方面的课程，建筑、美术等都涉及。我觉得这个专业就需要面广，太窄了，分得太细了，将来实际工作挑不起来。譬如现在派到公园里当工程师或者做总工程师，哪儿的路坏了，或者是桥坏了要修补，水池排水器坏了，你总工程师都得懂，你不能说我就会种树，那工程上修路，假山要倒，怎么加固，你一窍不通，那根本没法工作。所以我主张搞园林必须是综合性很强的，尤其是现在牵涉城市建设。城市绿化牵涉的内容太多了，交通、转弯半径、堵车等等都得懂，所以我主张是要全面。

这个专业的方向，以前有一段就说，不要分的过细，应当是一个整体，综合在一起。教育部底下有工科系统、有农科系统，园林规划应当属于工科系统。花卉什么有些就属于农科，公园的管理、开花好坏、催延花期或者是插花艺术、园艺展览属于农业系统。农业这边呢，搞园林必须牵扯到工业，盖亭台楼阁，都是建筑的事，堆假山都是牵扯到工程的事，脱离不开。除非搞农的，就搞苗圃，搞繁殖树，但这些就不叫园林了，那就叫农业生产，叫花卉绿化业，不是园林事业。我认为园林是一种综合的、一个大的事业。

过去有的人说园林就是公园与花园，我看花不看花无所谓，也死不了人。这不是一个死人不死人、看花园不看花园的问题，它是一个大的文化。由文化的角度来看，不能光说是属工业，属农业，这个文化事业既包括农业，也包括生态、环境、生物的以及非生物的，我就认为这个园林的事业是一个综合性的、大的整体。

现在看，咱们跟美国，跟其他世界各国讨论空气污染的问题，空气污染的问题归根到底，还跟植物有关系，是关系到整个地球、人类的生命进化的一个生命的科学。园林离不开这个广义的园林文化，这个文化、这个系统，不能看得太窄，看得太窄那就是目前的情况能解决，往几百年以后，上千年以后，这个问题解决不了，所以要往远看，一定要看成一个大的整体。

采访人：您当年做全国树种规划时调查了很多树种是吧？

陈有民：对。调查树种规划，跑了各个地方，植物的确丰富多彩，要很自由地来运用、用好，必须要把全国的风景区的特色、特点，哪怕成千上万个特点，都要了解，这样才可以随便发挥，那才最有意思。后来我把全国分成10个大区、20个小区，每个区里头哪些植物最可以用，几月开花，能开到几月，要真正把植物景观都掌握清楚这才好。要能给大家贡献一个比较全的资料，将来搞设计的人翻开以后，都能查出来一个全面的东西。

采访人：陈先生，我想最后请您提一下对园林工作者培养的期望？

陈有民：我不主张培养天才，出个大师，我是希望能培养成总工程师这种人。在我培养的研究生里，我希望把他都变成总工，不变成某个特别的设计大师，就是比较万能手，哪怕你不熟悉，给你点时间你就会熟悉。基础要像建筑塔式的广，给他任务，点他一下，就很快会领会，这是培养人才优势。还有逻辑性、科学性、艺术性都在里头，而且咱们搞园林还得有些哲学的头脑。哪怕管你叫杂家也比叫成专家更好点，我是这么想的。

他山之石　可以攻玉

李炜民

摘　要：奥姆斯特德一生设计了5000余个作品，涵盖了城市公园、绿道、风景名胜区（国家公园）、公共建筑庭院、校园环境、私宅与居住区环境等多个领域，其中纽约中央公园和波士顿公园系统是其一生最为重要的作品，在世界上产生了深远的影响，主要在于他的公共、平等、自然、和谐理念的主导。未来的北京城市建设应借鉴奥姆斯特德的设计理念，统筹规划、完善设施、突出特色、融入文化、回归自然，实现首都山水城市的基本格局。

关键词：奥姆斯特德；风景园林；北京；城市建设

2015年9月，受美国国家公园管理局邀请，赴美实地考察了美国风景园林之父——奥姆斯特德100多年前的系列设计作品，并与相关部门进行了交流，进一步深刻体会奥姆斯特德对于美国近代城市建设与发展产生的深远影响。

1　奥姆斯特德的成就

奥姆斯特德生于1822年，其早年职业背景涉足多个行业，受父亲影响，旅行是他假日生活和从业经历中的一项重要内容，也由此产生对自然的理解、对美的欣赏与敬畏，1850年，他用6个月的时间，和朋友在欧洲和不列颠诸岛上徒步旅游，1852年，他出版了他的第一本著作《一个美国农夫在英格兰的游历与评论》（Walks and Talks of all American Farmer in England）。此后他继续花了很多时间在英国、欧洲等地旅游，公园是他访问的重点，田园式的风景以及公园对社会、城市的健康产生的影响给他留下深刻印象。奥姆斯特德生活在美国城市化快速推进时期，针对美国城市问题与社会时弊，他的写作与评论产生了广泛的影响，基于此，1857年他受邀参与纽约中央公园的规划设计，次年他和卡尔弗特·沃克斯合作的设计方案胜出，从此开启了他的风景园林设计生涯。他一生设计了5000余个作品，涵盖了城市公园、绿道、风景名胜区（国家公园）、公共建筑庭院、校园环境、私宅与居住区环境等多个领域，证明了风景园林学（Landscape Architecture，他和沃克斯首先使用该词）能改善美国的生活质量。他所创建的风景园林学科体系以及他的设计思想与理念至今仍然深深地影响着美国城市规划与环境建设，可以说“没有奥姆斯特德，美国就不会是现在的这个样子。”

被誉为翡翠项链的波士顿公园系统，是奥姆斯特德一生创作最为重要的作品，在世界上产生了深远的影响。波士顿公园系统规划设计的特色在于以查尔斯河等自然水体保护为核心，将河边湿地、公园、植物园、公共绿地、林荫道等多种功能的绿地有机地联系起来，形成服务城市、功能健全的网络系统。波士顿位处沿海，地势低洼，历史上每逢雨季就洪灾、内涝泛滥，导致道路泥泞、交通不畅，严重影响城市正常运营和居民生活。规划之初，奥姆斯特德一是在对地形和自然条件环境进行了充分的调研分析后，提出在尽可能减少人工干预的条件下利用现有河道、地形、道路、绿地进行改造，成功地解决了城市内涝洪灾、淤泥污水处理与交通问题。二是根据沿线原有的公园绿地及其性质进行合理的规划与改造提升，尽可能保留原有树木与自然状态，在城市任何地点不用花很长时间即可到达，满足儿童、老人、残疾人等不同群体服务功能的需求，奥姆斯特德在1896年波士顿“公园问题公众听证会”上说过，公园应该属于人民。因而每一个常去公园的男人、女人和孩子都能说：“这是我的公园，我有权在这儿。”三是通过绿地的形式将公园、水系、交通连接，形成16km长的有机生态廊道，最大程度地维护城市生物多样性，形成人与天调的城市景观。四是无论是植物材料还是石材，均来自当地，强调“人化自然”，这也是奥姆斯特德设计作品的一个重要特征。奥姆斯特德的设计作品之所以广受欢迎，在于他的公共、平等、自然、和谐理念的主导，而不是表达自我的个性，无论大小作品，他的构思均源于自然、还于自然。他的理想是公园成为舒缓城市压力的客厅，不同等级和阶层的人在此平等相处都能重振精神之后更好地工作。

2 北京城市建设的特点

对于北京而言，第一道绿化隔离带是环绕中心城重要的生态廊道，它与规划的 9 条楔形绿地相连接，直通中心城二环绿色廊道，是维护北京中心城健康最为重要的“绿道”，加快推进首都核心区绿色“凸”字城墙建设，拆除前三门盖板上建筑，恢复南护城河，实现中心城护城河水系的连通，不但对降低城市热岛、缓解核心区环境、恢复历史记住乡愁有重要意义，同时对体现北京城历史格局有着极其重要的象征意义。韩国首尔清溪川的整治复原就是一个很好的案例。清溪川是贯穿首尔有着 500 余年历史的母亲河，20 世纪 50 年代由于只重经济发展，河流受到严重污染而将其覆盖，70 年代又在其上建高架桥。2002 年 7 月政府开始进行治理，拆除桥梁与沿线 6 万多家店铺、1500 多个摊位。2003 年 7 月，复原工程正式开工，掀掉盖板，结合园林景观以生态修复理念治理污水，两年零三个月后，一条清澈、整洁的河川展现在首尔市民和全球游客的面前。项目全长 8.12km，拆除原有被高架桥覆盖的部分长 5.84km，总投入约合 31.2 亿元人民币，恢复了清溪川原有的生命。清溪川复原开放后平均每天接待 7.7 万人次，成为政府宣传韩国历史文化与现代城市治理理念的一个窗口，成为真正意义上的历史之川、文化之川和自然之川。

楔形绿地是北京城市规划的重要生态廊道，是中心城与外部连接的绿廊，它的主要功能一是结合城市干道、河流形成城市风有序输入循环，二是维护城市生物多样性与外部的走廊贯通，三是与城市中心区链接，构成城市健康的绿地系统格局。楔形绿地由于跨越城市边缘至核心区，跨越行政区域矛盾较多，导致建设严重滞后，规划绿地不断被侵占，已经成为北京环境质量下降的重要原因。研究表明，缓解北京城市热岛、雾霾最为有效的自然因子就是风、水体、绿地，而三者结合效果最佳。因此加快推进北京楔形绿地建设应该成为“十三五”的重中之重，而北京在推动京津冀协同发展中提出“共同建设一批跨地区、跨流域的国家公园，形成环首都国家公园”。这将给北京楔形绿地不断向外辐射呈漏斗状绿廊创造条件，与一道、二道绿化隔离地区和环首都国家公园体系相连，形成独具北京特色的“大绿道”体系，成为北京实现蓝天工程的重要物质基础。

“三山五园”是北京城市建设史上造园活动的杰作，早于纽约中央公园 100 年建成，因帝王主持而被称之为皇家园林。这一鸿篇巨制，充分反映了东方文化的智慧与思想，虽由人作，浑然天成。充分利用了北京西北郊自然山水，融多民族文化于一体，和而不同，是古都风貌最为重要的组成部分。中国是传统的农耕大国，历来重视农业生产，同样体现在皇家园林建设中，康熙御制耕织图就是最好的例证。京西稻作为“三山五园”不可分割的特色风景，不仅作为一种农业作物的形态和价值存在，它本身已经具有文化、景观、生态三个属性，成为“三山五园”区域的文化符号，是北京“山水城市”最为美好的历史记忆，因此，根据现状实际情况部分恢复特别是玉泉山与颐和园之间的京西稻田景观，应该成为“三山五园”规划建设最为重要的内容，并应将京西稻作为北京农业文化遗产申报予以立法保护。

3 奥姆斯特德设计理念的启示

他山之石，可以攻玉。结合奥姆斯特德设计理念，未来城市绿道建设推进中应注意以下几个问题：

（1）统筹规划。充分认识现状自然与非自然因子以及城市中的区域位置，合理考虑河湖水系、道路交通、公园绿地以及建设用地等综合因素，形成结构合理、功能完善、变化统一的廊道系统，保证主体功能的有效提升。

（2）回归自然。充分利用一切可以利用的自然因素，加上人工改造形成区域的河湖水系连接与治理，形成良好的自净与回水利用系统，尽可能减少人工景观水面，鼓励季节性河流、水系、湖面处理，大力种植乡土植物。

（3）完善设施。根据不同性质用地与功能，设置必要的基础设施。如：合理设置绿荫覆盖的机动车道、自行车道、健身步道，互不干扰。在郊野公园主要出入口设置绿化停车场，园内设置足够的座椅、果皮箱。合理规划不同人群活动场地，特别是家庭休憩游玩的场地，提高使用率。

（4）突出特色。环北京中心城郊野公园应该根据区域与自然条件，逐步形成不同主题特色，既相互联系又各有特点的公园环体系。如以自然水体为主题（突出水生植物与动物观赏），以健身休闲功能为主题，以踏春赏花为主题，以观赏二月兰、蒲公英等野花为特点，以观赏桃花、杏花、海棠、牡丹、芍药等栽植花木为特点，以观赏秋色植物为主题，以冬季冰上活动为主题或以运动健身为主题等等。

（5）融入文化。钱学森先生讲过，没有文化的园林不能称之为园林，只能叫“林园”。源自于晋代王羲之等 41 贤兰亭修禊的典故，自唐以后演变为“曲水流觞”的文化形式出现在园林中，经过艺术的加工表现成变幻多样的“流杯亭”形式。庄子与惠子游于濠梁之上的一段对话，成为园林生境创作的源泉，表现出的是文化的意境与唯美的画境。“安知我不知鱼之乐”主题的亭、台、楼、榭、桥体现的是中国哲人思想与文化，表现的是“外师造化，中得心源”的艺术形式，倡导的是尊重自然、和谐共生的生存理念。

（6）方便到达。城市道路交通要及时跟上。作为民生工程，2007年北京市启动为民办实事建设郊野公园环项目，对一道绿化隔离地区绿地建设进行了全面改造提升，截至2011年，建成郊野公园80余处。根据相关调研，目前郊野公园使用率普遍偏低，多种因素并存，其中最为直接的因素就是城市道路、公共交通与停车场建设不到位。

钱学森先生谈到大城市和中心城市的建设问题时说："要以中国园林艺术来美化，使我们的大城市比国外的名城更美，更上一层楼。据说规划中的莫斯科城，绿化地带占城市总面积的1/3，那么我们的大城市、中心城市，按中国园林的概念，面积应占1/2。让园林包围建筑，而不是建筑群中有几块绿地。应该用园林艺术来提高城市环境质量。""近年来我还有个想法：在社会主义中国有没有可能发扬光大祖国传统园林，把一个现代化城市建成一大座园林？"钱学森先生用园林的理念提出建设"山水城市"的设想。

中国园林的主题是和谐，灵魂是文化，本质是民生。中国园林是我们追求的理想家园，只要我们下决心沿着正确的方向努力，半城宫墙半城树的老北京城的记忆，世界上自然条件最为优越的首都山水城市格局一定会在蓝天下重现，任由百姓诗意地栖居，健康地生活。

Urban Development Thought with Reference to Olmsted's Design Concept

Li Wei-min

Abstract: Frederick L. Olmsted had designed more than 5000 works, covering urban parks, greenways, national parks, campus and residences. Some of his important works such as Central Park in New York and Boston Emerald Necklace created deep influence on the world, due to his ideas of public, equality, naturalism and harmony. Beijing shall learn from Olmsted's design concept. Urban development shall pay attention to the overall planning, improving the facilities, stressing own characteristics, and integrating with culture, and returning to nature, hence to form a basic pattern of Shanshui city.

Key words: Frederick L. Olmsted; landscape architecture; Beijing; urban development

作者简介

李炜民 /1963年生 / 男 / 山东人 / 教授级高级工程师 / 博士 / 北京市公园管理中心总工程师 / 中国园林博物馆馆长

世界上最早的城市公园

傅凡

摘　要：对于最早的城市公园有很多不同说法，目前国内普遍流传的世界上第一座城市公园是英国利物浦的伯肯海德公园的说法并不准确，在伯肯海德公园之前已经有众多城市公园出现。本文对城市公园产生的背景进行介绍，并对最早一批城市公园进行梳理，最终确定斯洛伐克布拉迪斯拉瓦的杨科・克劳公园应该是世界上最早的城市公园。

关键词：城市公园；现代城市；工业革命；社会需求

1　城市公园的产生

城市公园是城市绿地系统重要的组成部分，在城市生活中占有重要的地位，也是维护城市生态环境的重要元素。城市公园不是在城市出现之初就存在于城市之中的，它是随着现代城市的产生而出现的。

在古代城市之中也存在着公共空间，供人们集会、交易使用，但是这些公共空间并没有多少树木，也不是为了公众的休闲娱乐服务。城市中的公共绿地可以供人活动，但是在其中并没有太多的设计和营建。在当时城市中的园林基本都是私园，虽然有一些园林可以不定期向公众开放，但其属性和服务对象都不是以公众为主。

随着16世纪资本主义时代的来临，城市逐渐向现代城市发展，公共活动的需求增加，公共场地（主要是广场）在巴洛克城市中大量出现，并成为城市格局中的交汇点[1]。而城市的聚集作用和一些国家开展的圈地运动也逐步驱动城市人口的增长，这一过程随着18～19世纪欧洲大陆普遍的圈地运动和工业革命的爆发而达到高潮，人口大量涌入城市，使城市变得过于拥挤，生活环境恶劣，社会矛盾尖锐，这样就促使城市需要进行彻底改造，向现代城市转化。城市公园作为现代城市解决社会矛盾的一个手段在这个过程中出现，其主要目的是为平民，特别是工人阶级提供休闲娱乐的场所，因此在早期的公园中散步和运动是最主要的功能[2]。

2　早期城市公园的来源

早期的城市公园的来源主要有3个：

一是由城市中的私园转变属性成为的城市公园。park一词在英语中所指的就是园林外围的林园，与garden所指的花园相对。在城市公园的需求出现时，一些皇室、贵族将自己的园林、林地捐赠出来，供公众使用，例如英国伦敦的海德公园、摄政公园，最初是皇室、贵族所拥有的，后来向公众开放。法国大革命时雅各宾政府将皇室、贵族的园林、林园没收，转为公园，凡尔赛宫苑在大革命开始后的1791年对公众开放。

二是由城市中的公共场地转化成的城市公园。早期城市中一些供公众活动的广场后来改建成公园，还有一些供放牧、训练用的公共绿地被改建成公园。例如美国纽瓦克的军事公园（Military Park）1667年成为士兵操练的公共场地，1869年改建为公园；波士顿的波士顿公地（Boston Common）最初是供放牧用的公共绿地，1830年放牧被禁止后成为公共游玩的公园。

三是城市中直接设计建造的城市公园。在最早为公共使用的公园中，有很多是由私人出资修建的。例如，法国巴黎的蒙梭公园（Parc Monceau）是由具有公民理想的沙特尔公爵菲利普・奥尔良（即“菲利普・平等”）于1779年为了公众修建；英国利物浦的普林赛斯公园由钢铁富商耶茨于1842年出资修建，供公众使用，1849年送给城市。

3　一些最早的城市公园

在历史上有一些园林绿地被认为是最早的城市公园，但是由于评价的原则不一，并没有定论。

最早的城市公园雏形可以追溯到西班牙塞维利亚的赫克拉斯林荫步道（la Alameda de Hercules），1574 年为公众散步而修建。这是一个八排白杨树的城市花园广场，由河边空地改建而成，两端各有两根圆柱，因南端一根古罗马圆柱上的赫克拉斯雕像而命名。它基本具备了城市公园的主要功能，但是它到底属于公园还是广场还存有争议。

美国佛罗里达圣奥古斯汀的宪法广场（Plaza de la Constitucion）于 1573 年根据西班牙皇家条例而建，自西班牙殖民时期开始，这里就是公共建筑和政府建筑的所在地。其初建时间甚至早于赫克拉斯林荫步道，因此被称为“美国最早的公园”[3]。但是，广场与公园还是存在一定的差异。

波兰华沙萨克森花园（Saxon Garden）作为萨克森皇宫的一部分于 1713 年建设，在 1727 年向公众开放。其向公众开放的年代比较早，但是它依然属于皇家园林，不是真正意义上的城市公园。

斯洛伐克布拉迪斯拉瓦的杨科 · 克劳公园（Janko Kral Park）于 1774 ~ 1976 年为公众所兴建，是中欧最早的公园，也是目前所知最早为公众兴建的公园[4]。当时布拉迪斯拉瓦是匈牙利王国最具规模的城市，是社会与文化生活的中心，因此对城市公园有着巨大的需求。

匈牙利布达佩斯的城市公园（City Park）最初是放牧的草场，1751 年这里开始园林建设，成为匈牙利政坛重要的巴卡尼家族的产业，并于 19 世纪初由巴卡尼家族捐出成为城市公园。它也被称为世界上第一座城市公园，但如果从其成为公共属性的时间来看，它要晚于杨科 · 克劳公园。

波士顿公地（Boston Common）1634 年形成，当时是一块空地，用来放牧，直到 1728 年才修建了第一条步道。1808 年它边上的哨兵街改名为公园街，1817 年向公众开放了散步道，但是直到 1830 年放牧被禁止后，它才成为真正意义上的公园。

纽约的保龄球绿地（Bowling Green）被认为是纽约的第一个城市公园，1733 年由临近场地的三个地主承租，打算进行公共园林建设，但是并没有实施，在 19 世纪之前这里主要用于集会场地。

针对以上公园，需要先确定公园的属性才能具体决定到底哪座才是真正最早的公园。《公园设计规范》GB 51192—2016 中将公园定义为“向公众开放，以游憩为主要功能，有较完善的设施，兼具生态、美化等作用的绿地。”[5] 这说明公园的服务对象是公众，其形式是绿地而非广场、步行道、运动场等绿地占比较低的开放空间。除此之外公园应该是由公共资金在公有土地上兴建的，虽然发展到今天出现了很多私有投资在私有土地上兴建的向公众开放的公园，但是在普遍意义上公园应是“公建”、“公有”、“公用”的。

从这个意义上讲，杨科 · 克劳公园应该是比较完全意义上第一座城市公园。塞维利亚的赫克拉斯林荫步道、圣奥古斯汀的宪法广场、纽约的保龄球绿地不属于真正意义上的绿地；华沙的萨克森花园虽然是最早向公众开放的一座园林，但是其权属是皇室，产权变为公有晚于杨科 · 克劳公园；布达佩斯的城市公园也是建成早于杨科 · 克劳公园，但成为公有的时间晚；波士顿公地虽然在 19 世纪初已经被认为是公园，但其主要功能仍然是放牧，与公园的功能不同。而杨科 · 克劳公园作为公园的形式比较明确，它由市政府投资在公共土地上建设，目的是为了公众使用。它所建设的时间正是工业革命过程中城市迅速发展、城人口大量增长的阶段。

4　关于伯肯海德公园

一些文献称英国的伯肯海德公园是世界上最早的城市公园[6, 7]，这个说法是不准确的。在英国历史上有比它更早向公众开放的公园，如伦敦的海德公园（Hyde Park）1637 年就对公众开放，但其性质仍是皇家的林苑，公众使用它会有很多的限制。比较早的为公众建造的公园有利物浦的普林赛斯公园（Princes Park），1841 年，当地富豪耶茨买下了一块场地，1842 年聘请园林师帕克斯顿进行设计，并于次年建成向公众开放。帕克斯顿的设计受到了建筑师纳什设计的伦敦摄政公园（Regent’s Park）的影响。1811 年，当时的摄政王（后来的英王乔治六世）委托纳什规划设计，包括公园和围绕在它周边的街道和多层建筑，形成了第一个真正意义上的花园社区，公园实际是建筑的后园[8]。1836 年，摄政公园每周向公众开放两天，到 1846 年全面向公众开放。摄政公园的设计形式给了帕克斯顿很大启发，他在公园周围设计了住宅大楼以保证公园的财政，某种意义上公园是周围住宅的“私人”花园，直到 1918 年才完全对公众开放。1842 年，帕克斯顿又受伯肯海德市改进委员会委托设计了伯肯海德公园，这座公园是由政府用公共资金兴建的，于 1847 年建成[9]。帕克斯顿延续了普林赛斯公园的设计风格，这个公园是英国第 2 个由公共资金兴建的为公众活动服务的城市公园，而且对世界城市公园的发展有着巨大的影响，美国风景园林先驱奥姆斯特德参观了伯肯海德公园，对公园体现出的公共性印象深刻，称之为“人民的花园”[10]，在奥姆斯特德和沃克斯 1850 年设计的纽约中央公园方案中，可以看到其对公众活动的重视，这与帕克斯顿的理念是一脉相承的。

其他一些同时期的公园绿地也被冠以“英国最早的城市公园”的称号，如建于 1840 年的德比树木园（Derby Arboretum）和建于 1846 年的萨尔福德的皮尔公园（Peel Park）。德比树木园是由德比市前市长斯特拉特捐赠的私园重建的，设计者是被誉为英国园林之父的植物学家、园林设计师劳顿。树木园 1839 年设计，1840 年对外开放。特别值得指出的是这座公园建成后在周日免费，这样就让工人阶级可以在休息日免费使用[11]。1845年曼彻斯特市公共步道、园林和运动场委员会用公债购买了三块场地，建造了皮尔公园、皇后公园（Queen's Park）和菲利普公园（Philips Park），于1846年建成向公众开放，皮尔公园是第一个开放的。由此可见，英国第一座由公共资金兴建的城市公园应该是皮尔公园。

5 结论

在工业时代的背景下，现代城市产生的过程中出现了城市公园，成为现代城市不可或缺的组成部分。回溯城市公园出现的历史，很多公园都可能获得“最早的公园”的称号，经过梳理，布拉迪斯拉瓦的杨科·克劳公园是比较完全意义上的第一座城市公园。

参考文献

[1] 芒福德．城市发展史［M］．北京：中国建筑工业出版社，2015：411-416.
[2] Griffin，E. England's Revelry：A History of Popular Sports and Pastimes，1660-1830［M］. Oxford：Oxford University Press，2005：167-170.
[3] Plaza de la Constitucion-St. Augustine，Florida［BD/OL］. ExploreSouthernHistory.com，http：//www.exploresouthernhistory.com/staugustineplaza.html.
[4] Janko Kral Park［BD/OL］. Bratislava Guide，http：//www.bratislavaguide.com/sad-janka-krala.
[5] 中华人民共和国住房和城乡建设部．公园设计规范 GB 51192-2016［S］. 2017.
[6] 吴人韦．英国伯肯海德公园——世界园林史上第一个城市公园［J］．园林，2000（3）.
[7] 杨忆妍，李雄．英国伯肯海德公园［J］．风景园林，2013（3）.
[8] Stern，R. A.M.，Fishman，D.，Tilove，J. Paradise Planned：The Garden Suburb and the Modern City［M］. New York：The Monacelli Press，2013：23.
[9] Brocklebank，R. T. Birkenhead：An Illustrated History［M］.Derby：Breedon Books，2003：32-33.
[10] Frederick Law Olmsted. Walks and Talks of an American Farmer in England［M］. Amherst：University of Massachusetts Press，1852：79.
[11] Kirby，D. Derby Arboretum：How Britain's first public park inspired open spaces around the world［N］. The Independent，30 August 2015.

The Oldest Urban Park in the World

Fu Fan

Abstract: There are many different opinions on the first urban park in the world. In China, it was said that the first urban park was the Birkenhead Park in Liverpool, England, but it was not correct because many urban parks emerged before the Birkenhead Park. This paper introduces the background which leads urban parks, analyzes the earliest urban parks , and declares that the oldest urban park in the world is Janko Kral city park in Bratislava, Slovak.

Key words: city park; modern city; industrial revolution; social demands

作者简介

傅凡 /1974 年生 / 男 / 天津人 / 博士 / 北方工业大学教授 / 研究方向为园林史、园林生态

明代吴亮止园平面复原研究探析①

黄晓　戈祎迎　刘珊珊

摘　要：止园位于常州城北的青山门外，明万历三十八年（1610年）吴亮所建，为晚明江南园林的经典之作。此园今已不存，但保留下张宏《止园图册》和吴亮止园诗文等图文资料，这一情况颇具普遍性。本文以这批资料为基础，结合古地图和遗址考察等，展开平面复原研究，尝试将园林与文学、图像学和考古学联系起来，为历史名园的复原研究提供借鉴。

关键词：风景园林；园林绘画；复原研究；张宏《止园图》

常州地处江南，古称延陵、毗陵、晋陵，至今已有2500多年的历史。唐宋以来常州升为"江左大郡"，与苏州、杭州、湖州共同成为国家的财政支柱。与财富积累相伴随的是人文的昌盛：常州学派、常州词派、常州画派，竞相涌现；唐顺之、洪亮吉、恽南田，名家辈出；此外，明清的常州还兴建了一大批宅第和园林。今天常州的园林并不出名，但在古代却堪称一座"百园之城"，可知园林数量之多；更难得的是，明清常州活跃着一批技艺高超的造园名家，可知园林质量之高。如设计苏州环秀山庄的戈裕良是常州人，在当地建过多座园林；设计苏州东园（今留园）和惠荫园的周秉忠曾是唐顺之的座上客；《园冶》的作者计成现知有三座园林作品，记载最详的吴玄东第园便位于常州城东。本文所要讨论的止园，园主为吴玄的长兄吴亮，造园家为周秉忠的儿子周廷策，并由晚明独树一帜的山水画家张宏为止园写照传神，绘制了一套20开的《止园图》。这三者使止园成为晚明江南的经典之作，具有重要的历史价值和艺术价值，值得深入研究。

1　已有研究

对止园的关注始于美国艺术史家高居翰关于张宏《止园图》的系列研究。高居翰1979年在哈佛大学的诺顿讲座和1982年出版的《山外山：晚明绘画》，都将《止园图》作为重点的讨论对象；1996年他联合美国洛杉矶艺术博物馆、德国柏林东方美术馆，举办了"张宏《止园图》展：再现一座17世纪的中国园林"，首次将这套20开的册页完整展出，使《止园图》获得了世界性的关注。与此同时，高居翰也积极与中国学者联系，他曾在《艺苑掇英》（1990年6月总第41期）等刊物上介绍过《止园图册》；1978年陈从周赴美建造纽约大都会美术馆的明轩庭园，高居翰与他讨论过《止园图》，后来陈从周将其中14幅刊在《园综》卷首，引起了中国学者的关注。

以上为止园研究的第一阶段，主要围绕张宏《止园图》展开。2010年曹汛在中国国家图书馆发现吴亮《止园集》，证明止园园主即为吴亮，止园位于常州，将止园研究推进到围绕园林和园主展开的第二阶段。在这一发现的基础上，2012年高居翰与黄晓、刘珊珊合著出版《不朽的林泉：中国古代园林绘画》，书中第一章为止园专篇，对此园进行了综合深入的研究。《不朽的林泉：中国古代园林绘画》出版后连续四个月位居三联书店周销量排行榜前十名，在美术史界和园林史界引起热烈的反响；该书的封面、封底和扉页皆为与止园相关的图文，使止园成为全书的焦点。

2014年中国园林博物馆策划开展"消失的园林"系列研究，将止园列为首个研究对象，邀请黄晓博士组织研究团

① 基金项目：国家自然科学基金青年基金项目（编号51708029）；中央高校基本科研业务专项资金（编号2017JC06）。

队，雕刻大师阚三喜制作止园模型，会同专家学者共同研讨，是为止园研究的第三阶段。2016年底止园模型完成，在中国园林博物馆正式展出（图1）。本文便是基于第三阶段的研究工作，讨论止园平面复原研究的方法和过程，以期为消失的古代园林的复原研究提供借鉴。

2 止园概况

止园位于常州城北的青山门外，即今天常州市区关河中路以北、晋陵中路以东的区域，万历三十八年（1610年）吴亮建造（图2）。

图1 2016年底完成的止园模型（图片来源：黄晓 摄）

吴亮（1562 ~ 1624年）又名吴宗亮，字采于，号严所，万历十九年（1591年）中乡魁，万历二十九年（1601年）中会魁，皆为第一。其后授中书舍人，历任河南主考、湖广道监察御史、南京仪制司主事、验封司郎中、光禄寺寺丞、大理寺右少卿，赠大理寺卿、阶通仪大夫，万历三十八年（1610年）辞官回乡。吴氏为明代常州的望族，科第联翩，人才辈出。吴亮的父亲吴中行（1540 ~ 1594年）为万历朝名臣，是轰动朝野的“张居正夺情”事件的主要参与者。吴亮兄弟八人，其中三名进士、两名举人、三名太学生。其堂弟吴宗达（？ ~ 1636年）官至中极殿大学士，为吴家地位最显赫者。吴亮兄弟在常州拥有多座园林，吴亮《止园记》提到的便有嘉树园、小园、白鹤园和止园4处，见于史乘的还有青山庄、来鹤庄和蒹葭庄等。

吴亮著述很多，传世有《毗陵人品记》、《万历疏钞》、《遡世编》和《名世编》等。对止园研究而言，最重要的是刻于天启元年（1621年）的《止园集》。集中收有《止园记》、《青羊石记》等多篇园记和数十首园诗。《止园记》全文2455字，篇幅很长，注重铺叙实景，提供了丰富的信息（图3）；止园诗依次描写园中景致，用诗意的文字带领读者完整游览了全园。两者是研究止园最重要的文字材料。

与文字材料相呼应，天启七年（1627年）张宏绘制了一套20页的《止园图》（图4）。这套图册在继承册页传统

图2 止园遗址范围图（图片来源：底图引自2014年卫星地图）

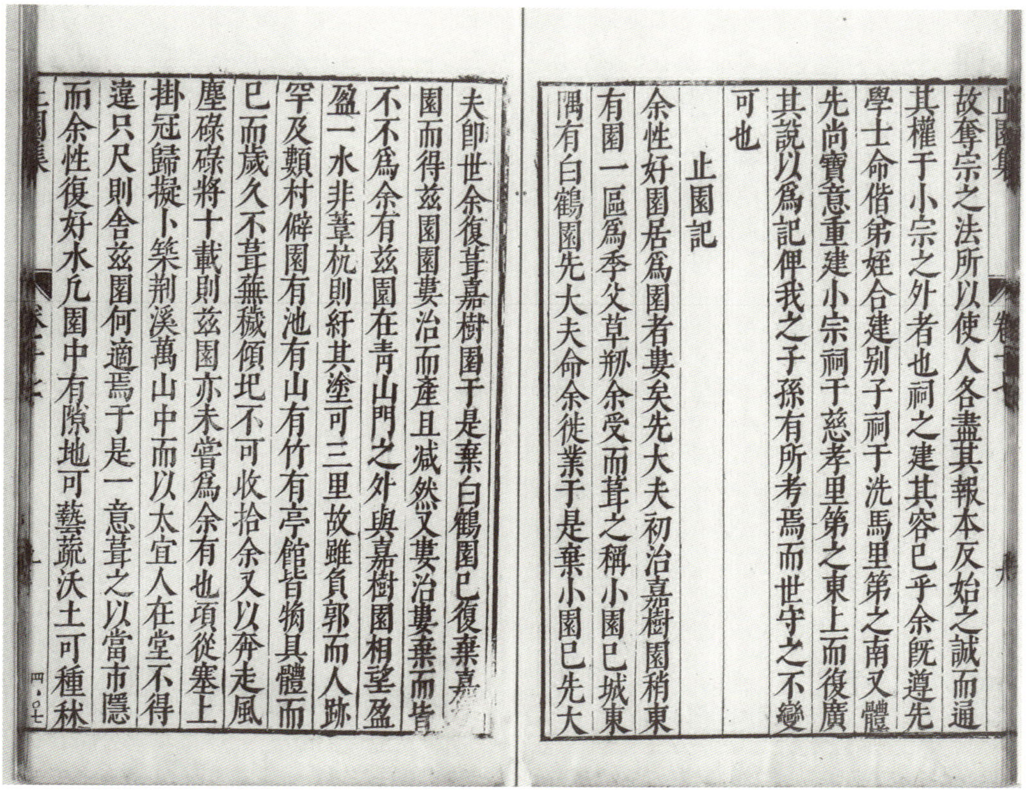

止園集　卷十七

故奪宗之法所以使人各盡其報本反始之誠而通
其權于小宗之外者也祠之建其容已乎余既遵先
學士命偕弟姪合建別子祠于洗馬里第之南又體
先尚寶意重建小宗祠于慈孝里第之東上而復廣
其說以爲記俾我之子孫有所考焉而世守之不變
可也

止園記

余性好園居爲園者婁矣先大夫初治嘉樹園稍東
有園一區爲季父草剏余受而葺之稱小園已城東
隅有白鶴園先大夫命余徙業于是棄小園已先大
夫即世余復葺嘉樹園于是棄白鶴園已復棄嘉
園而得茲園園婁治而産且減然又婁治婁棄而皆
不不爲余有茲園在青山門之外與嘉樹園相望盈
盈一水非葦杭則紆其塗可三里故雖負郭而人跡
罕及類村僻園有池有山有竹有亭館皆物具體而
已而歲久不葺蕪穢傾圮不可收拾余又以奔走風
塵碌碌將十載則茲園亦未嘗爲余有也頃從塞上
掛冠歸擬卜築荆溪萬山中而以太宜人在堂不得
違只尺則舍茲園何適焉于是一意葺之以當市隱
而余性復好水凡園中有隙地可藝蔬沃土可種秋

止園集　卷十七　四〇七

图 3 （明）吴亮《止园记》(图片来源：见：《止园集》，卷十七，天启元年刻本)

图 4　张宏《止园图》首页“全景图”

的基础上，融合了挂轴和手卷的优点，既重视全景图的整体性，又注重前后各景的连续性，对止园进行了全面完整并极富说服力的精确再现，为复原研究提供了极为关键的图像材料。

3　平面复原

吴亮《止园记》、止园诗和张宏《止园图》是研究止园的第一手材料，也是最重要的材料。此外，还有《武进县志》的相关记载、民国时期的地图和止园旧址的现状可供参考。本文的止园平面复原研究便基于这些材料展开，主要包括以下三步。

首先，《止园记》提供了止园的面积和各要素所占的比例。记称：“园亩五十亩而赢，水得十之四，土石三之，庐舍二之，竹树一之。而园之东垣，割平畴丽之，撤垣而为篱，可十五亩，则明农之初意而全园之概云。”可知止园共有50余亩，其中水面占十分之四，约为20亩；山石占十分之三，约为15亩；建筑占十分之二，约为10亩；花木占十分之一，约为5亩。在园林东部还有15亩稻田。明代的量地尺为32.65cm，可计算出园林主体50亩=300000平方尺=32078.7m^2。

第二，根据“止园全景图”确定止园的外部轮廓。由于止园旧址已被开发为商业住宅区，缺乏进行考古发掘的条件，文献中也未记载园林的长度和宽度，因此只能根据绘画进行估测，并结合民国地图加以校正。由“全景图”推测，止园东西长、南北短，因此将东西长度定为200m，南北长度定为160m，与全园总面积32078.7m^{2}大致相合。园林局部的突出、凹入或转折都根据《止园图》调整，保持总面积与《止园记》的记载相一致。

第三，对止园进行空间分区，按区展开详细的复原研究。本研究将止园分为东（E）、中（M）、西（W）三个大区；再将东区分为5小区，中区分为4小区，西区分为3小区，共计12小区（图5）。然后结合诗文绘画，对各小区进行具体分析，提炼景致要素，确定空间方位，标注开间尺度，并对图文表述不清之处进行考证辨析；先完成各小区的拓扑结构关系图，再完成具象的平面示意图，最后调整综合为全园的平面示意图。下面试以东一区（E1）和西部三区（W1+W2+W3）为例，探讨止园平面复原研究的方法和过程。

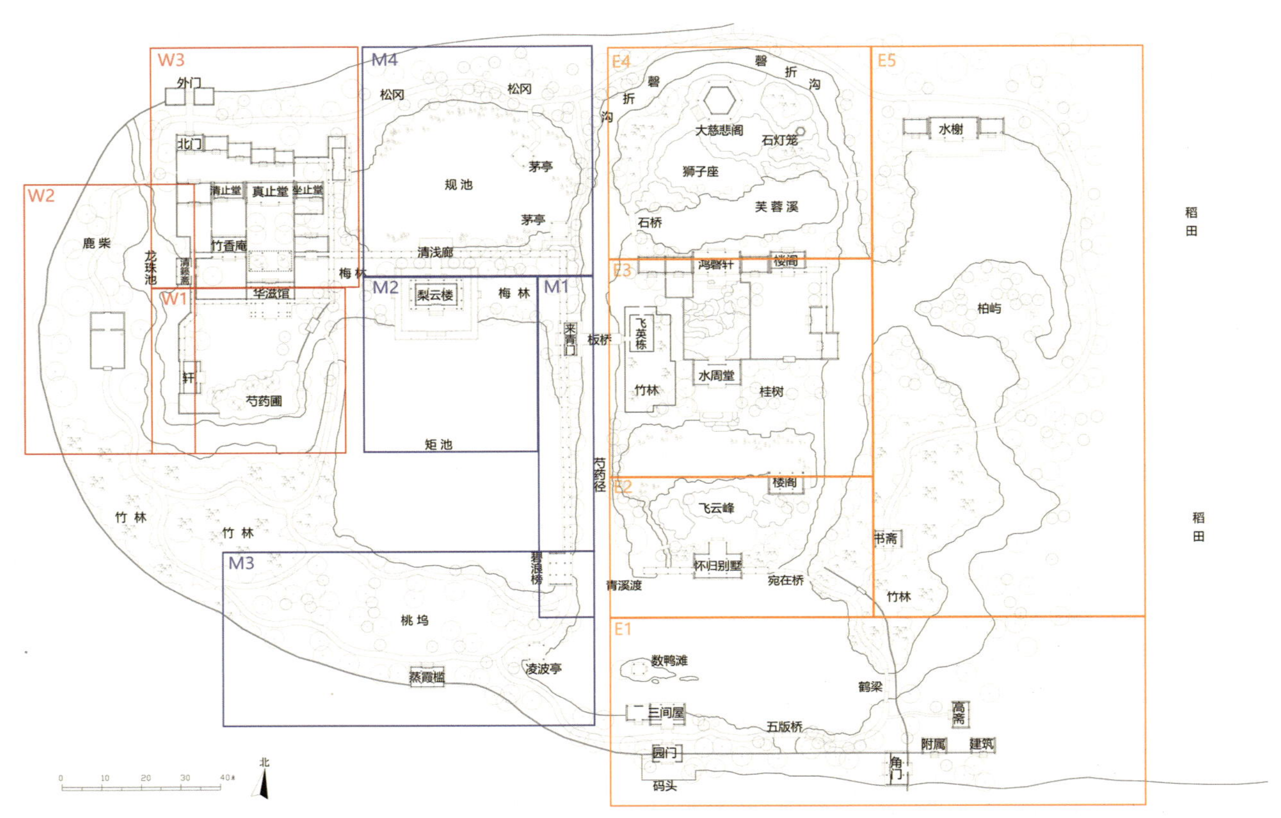

图5 止园平面分区示意图（图片来源：黄晓、戈祎迎 绘）

东区：E1-园门-鹤梁-数鸭滩，E2-怀归别墅-飞云峰，E3-水周堂-鸿磬轩，E4-狮子坐-大慈悲阁，E5-竹林-柏屿-水榭；
中区：M1-来青门-碧浪榜，M2-梨云楼-梅林，M3-桃坞-蒸霞槛，M4-北池-清浅廊；
西区：W1-华滋馆，W2-鹿柴-龙珠-竹香庵，W3-真止-清止-坐止三堂

3.1 东一区（E1）

东一区位于止园入口处，包括园门、鹤梁桥和数鸭滩等景致。《止园记》提到该区的文字称：“开**径**自南，**园之门**与**关门**遥遥相向。**入门**即为**池**，沿**池**而东，为**桥**五版。递高而为**台**，可眺远。稍北，复折而东，为**曲桥**，榜曰**鹤梁**。四折而为**曲径**，又折而北，西向为**斜桥（宛在桥）**。……**池中**有**滩**曰**数鸭**，畜**白鸭**十数头游息其上。白鸟鹤鹤，每从**曲桥**渡而与之偕，此**鹤梁**所由名也。”

上文中“粗体”表示景致要素，圆圈“○”表示空间方位，下划线“____”表示尺度数量。从文中可提炼出9项景致要素：园门、关门、水池、桥（五版）、高台、曲桥（鹤梁，三折）、曲径、斜桥（宛在桥，四折）和数鸭滩，并有南、东、北、东、北、西等方位指示词。

《止园图》中与该区相关的图像位于书中第一、二、三、四页。第一页为《全景图》（图3），第二页描绘了园门外部一带（图6），第三页描绘了水池东岸的鹤梁桥、曲径和宛在桥（图7），第四页主景为怀归别墅，图右再现了鹤梁桥至宛在桥的景致，前景池中描绘了数鸭滩，图左则带出了中一区（M1）的碧浪榜水榭（图8）。

图 6　张宏《止园图》第二页“园门一带”

图 8　张宏《止园图》第二页“怀归别墅”

图 7　张宏《止园图》第二页“鹤梁 – 曲径 – 宛在桥”

这四幅图增添了一些《止园记》没提到的景致要素，如园外东南角的二层门楼和附属房屋、园门南侧的码头、北侧的三间屋舍及其西侧的耳房等。综合相关的园记和园图，可以绘出东一区的景致要素拓扑结构关系图（图 9）。

由以上分析发现，东一区园记和园图的契合度很高：园记提供了文字说明，园图提供了具体形象，基本可以相互对应，非常有利于复原研究的展开。其中仅有一处文图不能对应，需要加以考证辨析。即《止园记》提到的，入园后沿着水池向东走，有一座五版桥。《止园图》没有画出这座桥，可能是被园墙和树木遮挡。吴亮止园诗有一首题为《入园门至板桥》，可知此桥确实存在，位于园门附近。结合止园的总体布局和园林设计的常规，推测这座“五版桥”应位于水池南岸，跨在溪流上。这道溪流应是止园的出水口，以暗渠与园外的长河相通，因此在第二页“园门周边”中没有绘出。将园记和园图相结合，并对疑难之处考证辨析后，便可绘出东一区的平面复原示意图，各种景致要素的

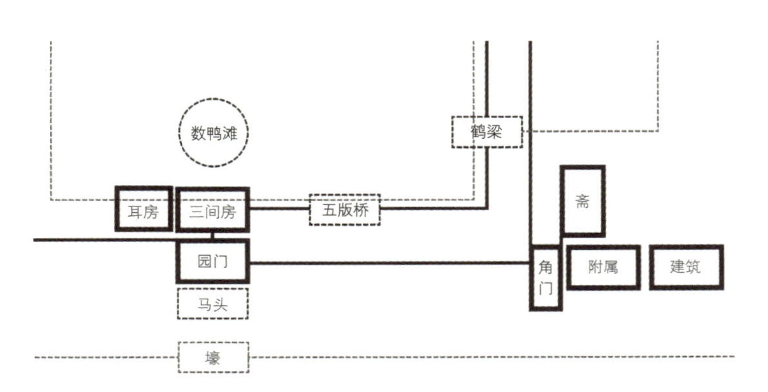

图 9　止园东一区（E1）景致要素拓扑结构关系图（图片来源：王笑竹　绘）

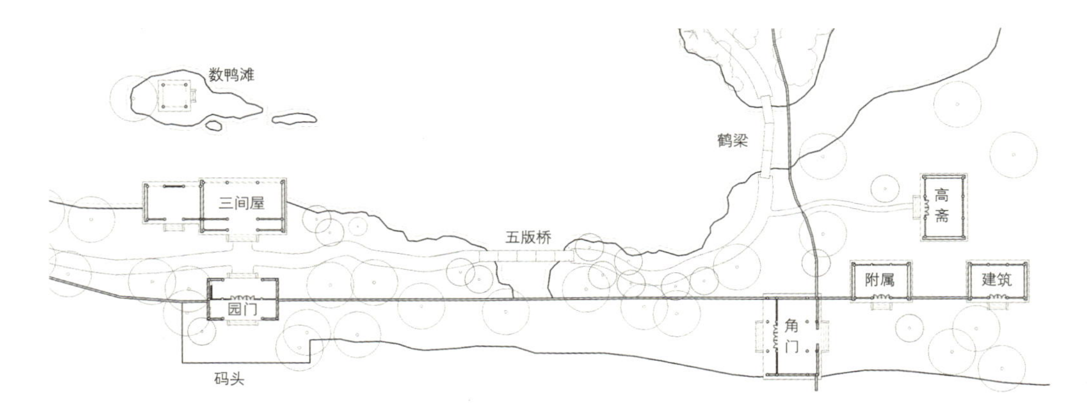

图 10 东一区（E1）平面复原示意图（图片来源：黄晓、戈祎迎 绘）

位置、尺寸和轮廓，都可以大致确定（图 10）。

3.2 西一区（W1）

止园的 12 小区，大部分都像东一区（E1）一样，图文可以彼此对应，相互说明；各区的疑难之处，如东二区（E2）飞云峰假山的蹬道路线、东三区（E3）鸿磬轩前的庭院垒石以及中四区（M4）清浅廊的开间转折，都可以通过考证辨析，给出合理的推测。但还有几处，由于文字描写简略或缺少相应的图像，甚至图文有矛盾之处，因而复原难度较大，需要深入分析，最典型的是承担起居功能的建筑密集的西部三区（W1+W2+W3）。

西一区（W1）为华滋馆庭院，相关的文字和图像都很丰富，之所以提出专门讨论，是因为该区的园记与园图有不合之处，在同类问题中颇具代表性。《止园记》对该区的记载称："（华滋馆）右轩左舍，南向旷然一广除，分畦接畛，遍莳芍药百本。春深着花，如锦帐平铺，绣茵横展，灿然盈目。客凭栏艳之，辄诧谓余此何必减季伦金谷，余谢不敢当。其隙以紫茄、白芥、鸿荟、罂粟之属辅之，则老圃之能事也。"其中提到华滋馆前的庭院面积宽广，如田垄菜圃般分成一畦一畦，栽种了上百株芍药，其景致应接近仇英《独乐园图》的"采药圃"（图 11）。但在《止园图》"华滋馆"中，庭院里并无分畦成垄的芍药圃，而是在庭院南侧叠筑了一处湖石山台，芍药种在山石之间（图 12）。上节提到东一区的园图未绘文中所记，或文中未记图中所绘的情况，尚可以借对方加以补足；但这种文字和图像的矛盾不合，则需讨论分析，给出合理的解释，并确定复原研究时以何者为准。分析材料发现，吴亮《止园记》作于万历三十八年（1610 年），张宏《止园图》绘于天启七年（1627 年），两者相距 17 年，在这期间止园可能有过改建，园记和园图对景致记述和描绘的不同，可能由于改建所致。这种图文的不合，在其他各区也偶有体现，应是出于同一原因。有鉴于此，本研究认为《止园图》更贴近后来的园貌，在遇到类似情况时，通常以图画为准（图 13）。

图 11 仇英《独乐园图》之"采药圃"

图 12　张宏《止园图》第十六页“华滋馆”

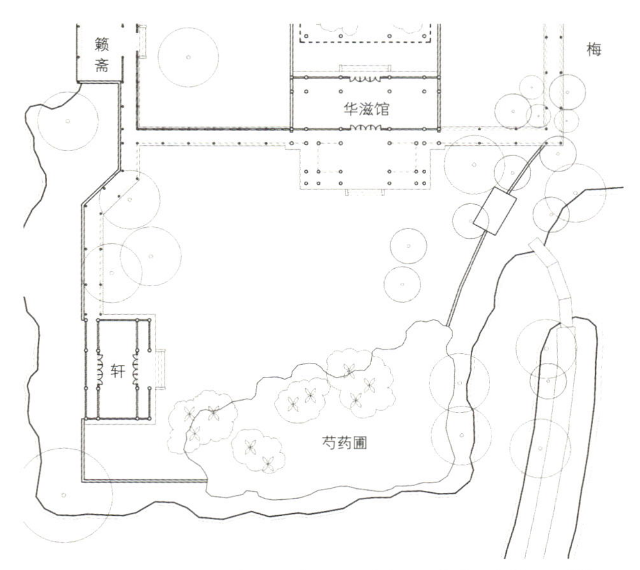

图 13　西一区（W1）平面复原示意图（图片来源：黄晓、戈祎迎　绘）

3.3　西二区（W2）

西二区是鹿柴、龙珠和竹香庵一带，情况比华滋馆庭院更为复杂。华滋馆只是庭院布置的图文不合，西二区则因空间格局复杂而很难确定，主要体现在竹香庵的位置上，进而影响到龙珠池的位置，属于平面复原研究的难点。

《止园记》对西二区的记载很翔实：“(华滋馆）又西有**池**曰**龙珠**，三面距**河**，北带**沟水**若抱，形如珠在龙颔下，想以此得名。近浚外**壕**，遂塞**水口**，而积**土**且成**阜**，中多古**木**，木末有**藤花**下垂，春来斐亹可玩。余高其**垣**与**水界**，曰**鹿柴**，而畜**群鹿**于其中，求友鸣麌，或腾或倚，甡甡者亦将自忘其为柴矣。水上**竹林**修茂，构**庵**三楹曰**竹香**。小**山**巋然，**古松**倚之如盖，一**峰**苍秀，相传为**古廉石**。庭前**香橼**一株，秋实累累如缀金，名庵或取二义，然杜工部咏竹云：风吹细细香，则竹亦未尝不香也。**庵**右**小斋**二楹，三面皆受**竹**，曰**清籁**。**窗**西袭**龙珠**之胜，时招**麋鹿**与之游。余集唐句云：树深时见鹿，籐旁曲垂蛇，可为此地写照。”

记中提到4项景致要素：龙珠池、鹿柴、竹香庵（含古松、古廉石和香橼）和清籁斋，相互关系描述得很清楚；但《止园图》并未专门描绘这一带的景致，仅在第一页“全景图”和第二十页“回望鹿柴、华滋馆”中附带画到，因而给复原研究带来困难。

4项要素里龙珠池和鹿柴为一组，位于华滋馆西，这是比较确定的；竹香庵和清籁斋为另一组，可以确定它们位于龙珠池东侧（清籁斋“西袭龙珠之胜”），但它们在华滋馆西，还是华滋馆北，却皆有可能。有鉴于此，西二区的平面复原给出了两种方案。

第一种将竹香庵置于华滋馆西，认为竹香庵即“全景图”和“回望鹿柴、华滋馆图”中黄色墙壁的小寺庙，寺庙庭院西南角为清籁斋，斋西对着龙珠池。竹香庵周围是豢养群鹿的鹿柴，与华滋馆和三止堂之间以溪水为界，自成一区。这种布局保证了此区的独立性，私密僻静，符合寺庵和鹿柴的佛教主题；龙珠池紧邻西侧的园墙，有暗渠与园外水系相通，为早期的水口，也与园记“近浚外壕，遂塞水口”的描述相合，新的水口则在分隔鹿柴和三止堂的溪水的北端（图 14）。

第二种将竹香庵置于华滋馆北，认为“全景图”和“回望鹿柴、华滋馆图”中的小寺庙及其周围的山林合为“鹿柴”，与华滋馆和三止堂之间以溪水分隔。溪水从北面引入园中后汇为龙珠池，既用于积蓄水源又可作为沉沙池。竹香庵邻近华滋馆，是其西北的一处小庭院，为保证私密性，与真止堂、华滋馆之间皆有院墙分隔。竹香庵西南为清籁斋，向西挑出，下临龙珠池（图 14）。

综合比较并与专家商讨后，本研究选择了第二种方案：一是其整体水系更为顺畅，空间布局比较合理；二是竹香庵与三止堂的关系更为协调，符合《止园记》所称“(竹香）庵后为（三止）堂”的空间关系，而这一点又与下面要讨论的西三区（W3）三止堂的位置相关。

3.4　西三区（W3）

《止园记》描写三止堂称：“(竹香）庵后为堂，中三楹曰真止。东二楹在高荫下，曰坐止。西二楹面竹，曰清止。左右以两小楼翼之，斯亦栖息之隩区也。”可知三止堂位于竹香庵北部，距离应该不远，因此与上节第二种方案更为相合。三止堂中部为真止堂，三开间；东侧为坐止堂，两开间，堂前有高大的树木；西侧为清止堂，也是两开间，面对竹林，与竹香庵呼应；在三止堂两侧还有两座小楼。

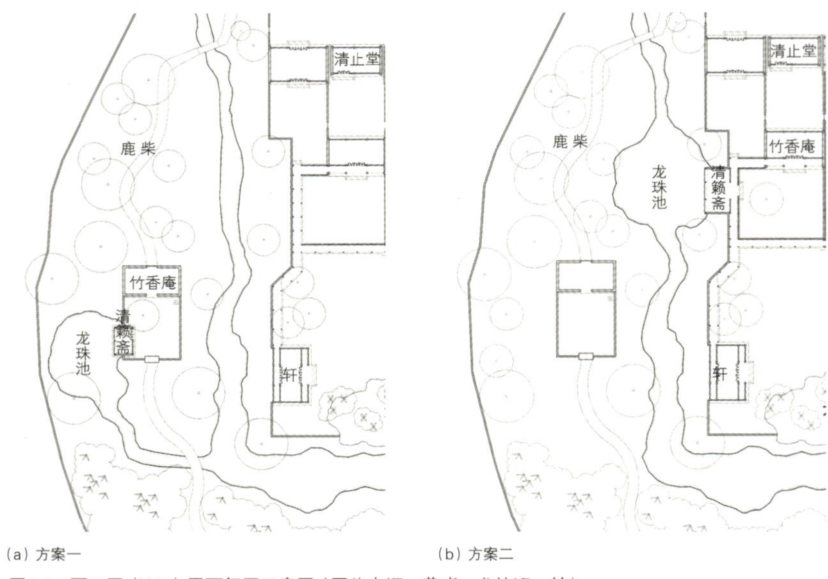

图 14 西二区（W2）平面复原示意图（图片来源：黄晓、戈祎迎 绘）

西三区的复原难点与西二区一样，也是《止园图》提供的图像信息不足。虽然第一页“全景图”、第十四页“规池 - 清浅廊”和第十九页“北门周边”都涉及该区景致，但或为远景或为配景，图像信息都比较含糊。唯一能肯定的是第十七页为“真止堂”，属于近景刻画（图 15），可以比较准确地绘出平面复原示意图。第十八页推测为“坐止堂”，堂前有山林树木，但与《止园记》称坐止堂在真止堂东，是座两开间的房屋不合，因而仍然存疑。鉴于该区的图像信息不完整，而园记的记载则较为明晰，因此此处主要依据园记进行复原，并参照相关图像作为补充，较具参考价值的除了第十七页“真止堂”，还有第一页“全景图”的局部描绘（图 16）。综合以上信息可绘出西三区（W3）的平面复原示意图（图 17）。

图 16 张宏《止园图》第一页“全景图”

图 15 张宏《止园图》第十七页“真止堂”

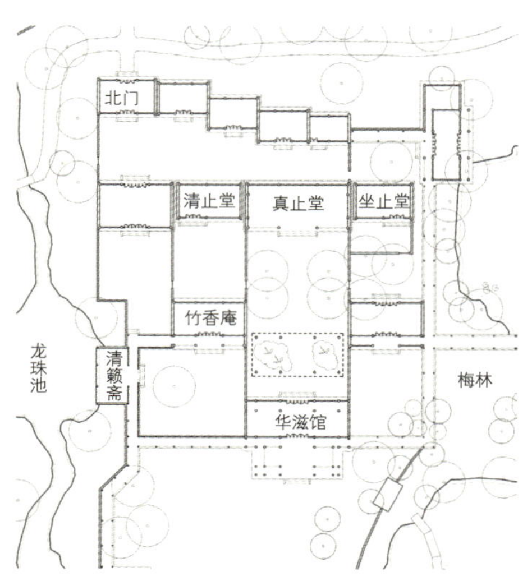

图 17 西三区（W3）平面复原示意图（图片来源：黄晓、戈祎迎 绘）

反复推敲、多次修改后的这幅复原示意图，其中每座房屋都与“全景图”的建筑对应，同时又符合园记对于三止堂的描述。此外，该平面也与造园的空间意匠相合：止园西区为日常起居区域，因此布局较为规整，在规整中寓有变化。由这幅平面示意图看，越往中心越为规整，越向边缘则越为自由：南部的华滋馆和北部的真止堂确立了中央的南北轴线；轴线两侧北部为坐止堂和清止堂，中部为竹香庵和一座不知名厅堂（推测是《止园图》第十八页的主景），对中央轴线形成拱卫之势；再向外侧是两座小楼和长廊、清籁斋，距离中轴较远，不再受轴线拘束，而是根据周围环境随宜布置。

以上通过四片区域平面复原示意图的绘制，展示了止园平面复原研究的方法和过程。其中最重要的是根据《止园图》和《止园记》展开细致的图文考证，对图文不合之处进行辨析，对图文不足之处则借鉴造园艺术分析加以补充。在12小区平面示意图的基础上，经过调整和综合，便可绘出完整的止园平面复原示意图（图18）。

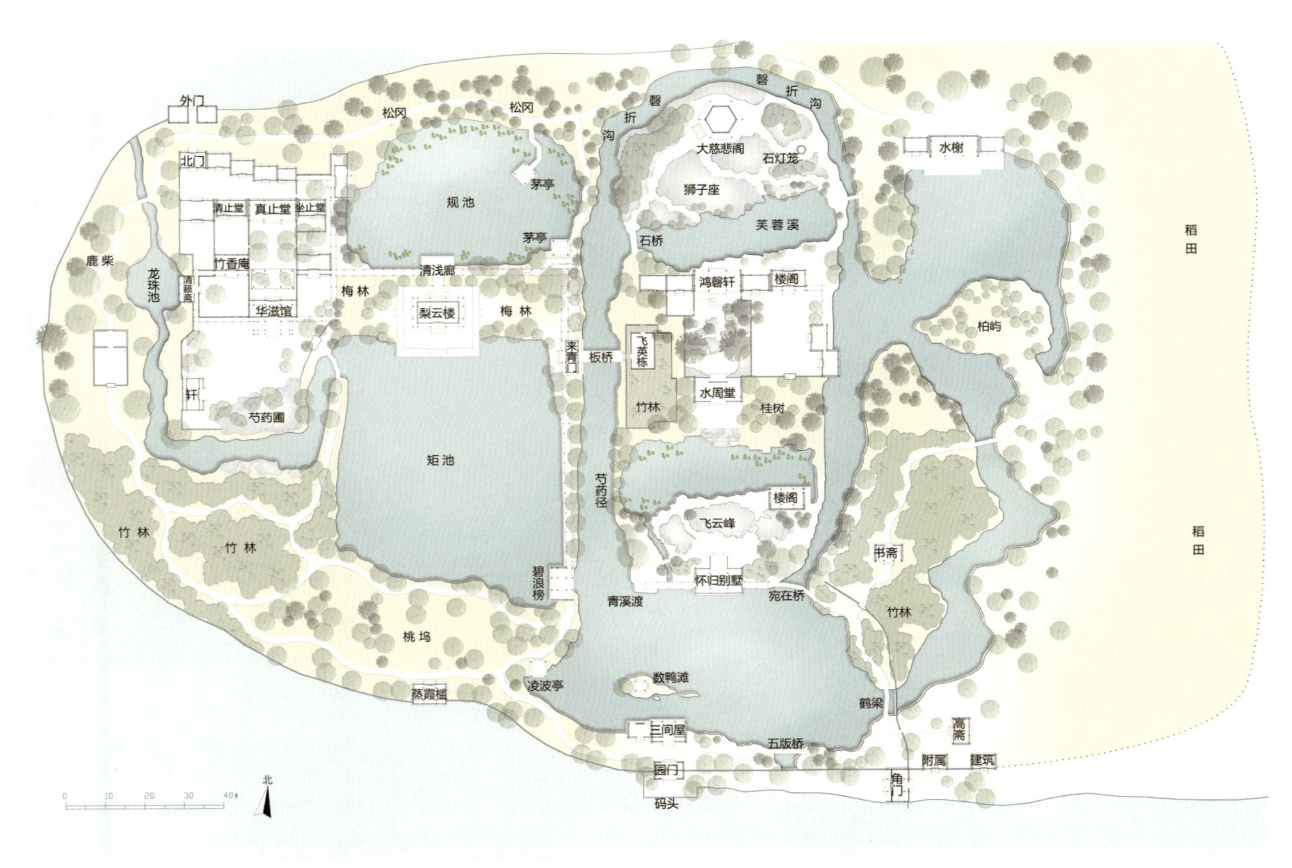

图18 止园平面复原图（图片来源：黄晓、王笑竹、戈祎迎 绘）

4 结语

在中国古代园林悠久的发展历程中，曾涌现出无数座名园，构成一幅群星璀璨的历史图景。然而由于种种原因，她们中大多数都如昙花一般，绽放出刹那的芳华便转瞬即逝，留给后人无限的遐想。正是出于对名园易毁的清醒认识，古人留下了大量记叙园林的文字，即陈从周所谓“以辞绘园”；如此尚嫌不足，又补之以更为形象的绘画。这些园记和园图都成为今天认识、研究历史名园的重要材料。本书对于止园的研究，便得益于这样的历史机缘，在400多年后的今天，有幸借助诗文绘画深入了解这座消失的名园。这提醒我们，历史上还有大量此类园林，它们的实体已经不存，但在书画或文字中仍然保存着丰富的信息，值得挖掘和分析。重要的方法之一，便是借助诗文文献、遗址考古和绘画图像等，进行复原研究。文字、遗址和图像，是这些园林留下的痕迹，也是古代园林在不同媒介上的投射，追踪着这些痕迹，今天的研究者们可以将风景园林与文学、考古学、图像学等领域联系起来，通过多学科的配合，更深入地理解和认识古代的园林及其背后的文化。古代园林的复原研究是一项任重道远的任务，由于园记的文学特性和园图的写意特点，它们与工程图纸相比，在可靠性和准确性方面都要大打折扣。因而基于诗文图像的研究，与真实的园林之间难免有不少出入，但仍不失为历史名园研究的重要开端。历史上曾有过无数精彩的名园，都有待通过研究揭开帘幕，让今人得以重温古代园林的精美与绝奇。只有这样，古代园林才不会成为活化石，只能原样陈设供人参观鉴赏；而是仍有可能启发现代的造园实践，融入现代的园居生活，让今人在继承和弘扬中，延续起古代文化的血脉。

参考文献

[1]（明）吴亮.《止园集》二十四卷.明天启元年吴亮自刻本.
[2]（清）孙琬等.（道光）武进阳湖县合志.清道光二十三年（1843）刻本.
[3] Li June，James，Cahill. *Paintings of Zhi Garden by Zhang Hong*.
[4] 高居翰.山外山[M].北京：三联书店，2009.
[5] 高居翰.气势撼人[M].北京：三联书店，2009.
[6] 高居翰，黄晓，刘珊珊.不朽的林泉——中国古代园林绘画[M].北京：三联书店，2012.
[7] 顾凯.明代江南园林研究[M].南京：东南大学出版社，2010.
[8] 黄晓，刘珊珊.园林绘画对于复原研究的价值和应用探析——以明代《寄畅园五十景图》为例[J].风景园林.2017（2）：66-76.
[9] 马千里.赵翼“青山庄歌”笺证[C]// 史念海.辛树帜先生诞生九十周年纪念论文集.1989：488-503.
[10] 邵志强，邵璐.常州古园林[M].南京：凤凰出版社，2012.
[11] 童寯.江南园林志[M].北京：中国建筑工业出版社，1984.
[12] 周宏俊，苏日，黄晓.明代常州止园理水探原[J].风景园林，2017（2）：77-82.

The Recovery Plan of Wu Liang's Zhiyuan Garden in Ming Dynasty

Huang Xiao　Ge Yi-ying　Liu Shan-shan

Abstract: Zhiyuan garden, is a masterpiece of Chinese southeastern gardens from late Ming dynasty. The garden belonged to Wu Liang in 1610, located outside the Qingshan Gate, which lied in the northern part of Changzhou, Southeastern China. Although it has been destroyed in history, there are several historical documents available, such as Zhiyuan Garden Album painted by Zhang Hong and articles written by Wu Liang, which firmly conformed its existence. Based on the documents mentioned above and combined with old maps and site investigation, the paper recovers the plan of the garden according to the information from literature, painting and archeology. The recovery plan could provide useful reference for the research on Chinese garden history.
Key words: landscape architecture; garden paintings; recovery plan; *Zhiyuan Garden Album* of Zhang Hong

作者简介

黄晓 /1983 年生 / 男 / 山东人 / 北京林业大学园林学院讲师 / 毕业于清华大学建筑学院 / 博士 / 研究方向为风景园林理论与历史、园林绘画（北京 100083）
戈祎迎 /1992 年生 / 女 / 江苏人 / 清华大学建筑学院博士生 / 毕业于北京林业大学园林学院 / 研究方向为风景园林理论与历史、江南园林（北京 100084）
刘珊珊 /1982 年生 / 女 / 河南人 / 北京交通大学建筑与艺术学院博士后 / 毕业于清华大学建筑学院 / 博士 / 研究方向为城市景观、女性与园林（北京 100044）

展望公园的创作过程及其借鉴启示

唐艳红

摘　要：奥姆斯特德有对植物、地形、管理大批施工人员的经验，沃克斯有建筑学基础和对美学的追求和品味，斯川纳罕有眼光、有决心、有魄力，这帮助他们抵制了许多不利因素和意见，成就经典，他们三人缺一不可。成功的案例对现代城市公园与园林建设具有借鉴意义,一个经久不衰的好作品,不仅仅是设计师利用植物地形的优秀创作，其规划用地的先天条件与后期建设的施工管理及长期良好经营同样举足轻重。奥姆斯特德的设计影响了美国许多城市，对当今的城市化进程有借鉴和启示意义。

关键词：展望公园；历史遗址；城市公园

展望公园是奥姆斯特德设计的第二个公园，也是在众多公园中被设计师本人认可度很高的精湛佳作。占地面积585英亩（约2.4km^2）的展望公园（Prospect Park）坐落在如今隶属纽约大都市的布鲁克林区，是一座具有浓厚艺术气息的都市园林。有人把展望公园看作是布鲁克林对于中央公园（Central Park）的回音，因为这两座巨大的绿色空间都是由奥姆斯特德（Frederick Law Olmsted）和卡尔弗特·沃克斯（Calvert Vaux）两位设计大师在19世纪中期联手创作的，这个公园甚至被人认为是比中央公园更为成功的经典之作。奥姆斯特德在晚年曾经返回到展望公园考察，他表示对这个作品的自我评价是比较满意的。由于要设计展望公园，在沃克斯的力邀下奥姆斯特德从西部举家搬回东部，他们合伙成立了奥姆斯特德 & 沃克斯事务所（Olmsted & Vaux Co.），并由此开始使用风景园林师（landscape architect）这个新名称。奥姆斯特德与沃克斯合作十五年之久，演绎了美国现代风景园林发展史上的一段佳话。

1　时代背景：三人组合缺一不可

1858年，原本并不想参加纽约市中央公园设计竞赛投标的奥姆斯特德，受到沃克斯的盛情邀请，参加了方案设计合作。结果，他们的规划设计从33个应征投标方案中脱颖而出，成为中央公园的实施方案。奥姆斯特德本人也被任命为中央公园建设的工程负责人，直接指导公园设计的实施工程，取代了总工程师威利（Egbert Viele）。两年后，由于工程预算严重超支，进展并不令人非常满意，1861年正值美国南北战争，他借机离开了中央公园的建设总管职位。战争之后继而又在加利福尼亚州优山美地（Yosemite）旁的大型金矿企业马瑞波萨工业区（Mariposa Estate）任职经理，并参与了这片自然区的管理工作。他在优山美地的自然美景中得到精神放松和陶醉，并举家迁往西部。

18世纪初的美国东部，蒸汽船的往来航行让布鲁克林从农村转型为都市。到了19世纪中期，大量的移民从纽约着陆，定居于布鲁克林，促使其迅速发展为仅次于纽约曼哈坦、费城的美国第三大城市，对于休憩空间的需求大增。当时尽管已有1850年开放的富特格林公园（Fort Greene Park），但规模和面积远远满足不了城市民众的需求。受着纽约市中央公园建设的激励和影响，布鲁克林城市政府决定在跨越弗拉特布什大道（Flatbush Avenue）的地段购买土地，用于建设像中央公园一样有影响力的城市公园——展望公园，并且在1860年由西点军校毕业的工程师威利（Egbert Viele）为园区规划出了设计蓝图，威利的规划方案其公园部分比现在要小得多，原本没有包括湖区水体，也没有山石涧的溪流瀑布。一年后美国南北战争爆发，使这个方案的实施工程计划搁置达五年之久，当地政府有了足够的时间来考虑其他可能性。到了1864年，对公园的重新规划设计转而被沃克斯赢得了，为了避免了一条宽阔交通大道弗拉特布什大道（Flatbush Avenue）穿过公园，将公园切割成两半，沃克斯提出了一个大胆的建设性建议，就是在西南边购置另一块土地，来置换道路东边的土地，公园的地块由此就可以集中在道路的同一侧。这个建议被市府的采纳，威利原先的规划被彻底放弃了。由于置换了公园地块，有了更广阔的绿地，也使公园南端的60英亩人工大湖水景和溪流水景成为可能。沃克斯又多次写信给时值定居在美国西部加州的奥姆斯特德，强烈邀请他回东部再度合作，共同完成一个理想中的布鲁克林公园，并且以联手继续完成的他们的第一个作品——中央公园来吸引他搬回东部，奥姆斯特德同意了，于是他们接下了展望公园的兴建计划。他们虽然看来是一体，其实各有所精。奥姆斯特德善于整体公园结构的规划与园艺，熟知测量、土方填挖和道路布局，擅长植物和园艺，又有丰富的管理庞大施工队伍的经验；而出身于伦敦的建筑师沃克斯，特长则是将建筑物、小桥、拱门、喷泉等融入自然环境。作为一个建筑师，沃克斯的观点难能可贵，他认为："植丛、草地、山、水，都比构筑在其中的房子更为重要，任何突出单一建筑让其成为焦点的企图，都是庸俗的，或者是由不当的教育而误导。"

另一个值得一提的人是斯川纳罕（James S. T. Stranahan)，年轻时定居于布鲁克林市，他的个人经历与当时的城市工业化同步，由务农开始，从事过铁路、商贸、银行、保险，一路做到码头港运，成为一个成功商人。他当时担任纽约州公园管理署议员，有着超于市长的声望、影响力和行政权威，热衷于提升布鲁克林城市文化教育事业的社会活动。他致力让布鲁克林市也拥有一个能与纽约市中央公园媲美的公共空间，促成了展望公园的立项，后来又被沃克斯提议的置换地块计划打动，从始至终充当了两位设计师的坚强后盾。展望公园建设初期也如中央公园一样预算严重超支，但是这一次境遇却不同，作为一个有影响力的商人和政治家，斯川纳罕的参与使两位设计师不必有太多关于造价方面的心理负担和行政负担，确保了展望公园按照设计师的初衷得以成功实施。1872年展望公园正式开放，在两位设计大师完成工作离开后，斯川纳罕留任纽约州公园管理署达十年之久，继续维护了原来的公园设计成果得以不被改造（图1）。

图1 展望公园平面图

由于这三个人的奇妙组合，成就了今天的布鲁克林公园。奥姆斯特德有对植物、地形、管理施工人员的经验，沃克斯有建筑学基础和对美学追求和品味，斯川纳罕有眼光、有决心、有魄力帮助他们抵制了许多不利因素和反对意见。创造经典，他们三人缺一不可，假如他们三人生活轨迹稍有变更，或许世人今天就不能欣赏到布鲁克林公园让人心旷神怡的迷人景色。而奥姆斯特德在之后职业生涯的成功，也与此关系极大，多年后奥姆斯特德曾说："如果不是因为受邀做这个公园，我应该不会成为一个风景园林师而会是一个农场主"。虽然奥姆斯特德、沃克斯、斯川纳罕三人的贡献不可磨灭，然而当时纽约州法律以及美国独立军的革命的长远影响，对于成就展望公园也起到了决定性的作用。

值得一提的是，展望公园几乎是现今唯一可以找到1776年战场遗迹景观的地方。1776年8月，华盛顿率领的独立军队在展望公园一带与英军交战，英勇的独立军虽然战败，却使英军从布鲁克林高地退守至新泽西州。在90年后的战场防御阵地建设公园，以至于公园施工时仍然能发现一些交战时的兵器碎片和士兵尸骨。奥姆斯特德和沃克斯提出，为纪念战争在防御坡保留历史遗迹，如今的游人可以顺着东大道的三块纪念铜牌，依稀看到当年战场遗留的历史景象。第一块铜牌上面描述了当年的奋战故事，第二块铜牌标识出独立军的防御线，第三个铜牌设立在防御坡的基部。

2 创造经典：超越中央公园

奥姆斯特德相信一座伟大的公园应该是宁静的，让人们从烦嚣的城市生活中得到解放，而且是属于每个社会阶层的，穷困的人更应该享有同样的权利，呼吸相同的空气。他以民主、公平的理想，提炼升华了英国早期自然主义景观理论家的分析以及他们对风景的"田园式"、"如画般"品质的强调。

1866年动工的展望公园，历时两年完成，公园的场地上有一片很大的开敞草地，奥姆斯德和沃克斯保留了这个开阔空间，并在清除杂草和灌木后拓宽了这个大草坪空间。南端的大湖占地约60英亩（图2），其水流向北延伸，称为静水（Lull Water)，穿越雅致的静水桥，即达静水自然步道（Lull Water Nature Trail)。静水的北端有座船屋，设计原以粗木为顶。30年后，船屋（Boathouse）被重新改造为华美的装饰艺术，风格仿16世纪的威尼斯建筑（图3）。展望公园由草地、利奇菲尔德别墅、动物园、船屋、湖泊和布鲁克林唯一的森林组成，仿佛一座世外桃源的绿色天堂。一到特定季节，众多鸟儿都会在公园内的人工湖附近嬉戏，湖边也种植了许多植物供人参观。

在两位顶尖设计师的精心打造下，展望公园拥有茂密的森林、广阔的绿地以及60英亩的人工湖，成为布鲁克林的珍宝。它见证了工业时代的来临、人口转移都市以及城市的整体更新。展望公园的成功，也帮助奥姆斯特德和沃克斯

图 2　沃克斯建议置换了公园地块，公园有了更广阔的绿地，奥姆斯特德也因而有地施展使公园南端的 60 英亩人工大湖水景和溪流水景成为可能（图片来源：李炜民　摄）

图 3　船屋（Boathouse）设计原以粗木为顶，后被重新改造为华美的装饰艺术，风格仿 16 世纪的威尼斯建筑

定义了风景园林这个学科，证明了风景园林学能改善城市生活的质量。奥姆斯特德倡导了英国式和自然式风格的风景造园原则，而他的倡导也迅速得到了美国人的最佳回应。在此之后，美国各地城市纷纷邀请他们去给当地做城市公园。从此，不仅仅是他们的事务所，整个美国风景园林行业迎来了一个鼎盛发展的时代。

如今的展望公园每年吸引着700多万游客前来观光，并且每年都会举办诸多活动，包括夏天举办的纽约爱乐乐团（Philharmonic）公园音乐会和大都会歌剧院（Metropolitan Opera）公园演出。展望公园的大军广场（Grand Army Plaza）每年都会举行热烈的新年前夜庆典，活动结束时伴以壮观的焰火秀。

3 借鉴与启示

奥姆斯特德丰富的理论和实践经验，在展望公园设计与实施过程中得到发挥，其设计理念对美国现代风景园林也有深远的影响。美国公园经历100余年的发展，如今从他设计的公园中仍然可以寻踪找到当年所保留的自然特征和最初的设计依据，例如：

第一，尊重“一个地方的灵性”。这意味着采取场地独特的特点优势，同时也认识其不足，他在展望公园根据当地气候地貌的设计手法，与其在美国西部地区设计斯坦福大学的校园使用的水节约型风格是皆然不同的。怎样适当地使用一块土地，为什么这个设计或解决方式更合适，都是设计师应该充分考虑的基本因素。

第二，细节服从整体。奥姆斯特德认为最能体现自己与园丁作品不同的方面在于他的工作是“设计的优雅”，即细节服从于整体的设计理念。树木、草坪、水、岩石、桥梁这些单个元素自身的美学价值，都要服从于大的风景空间结构需求。这就是为什么他避免使用装饰种植和装饰性小品，取而代之的是有机的自然风景。

第三，艺术在于不露艺术。奥姆斯特德相信，设计的目标不是让观众的注意焦点集中在他的设计上，而是让他们在不知不觉中享受风景，下意识地产生放松的身心感受。例如行人顺着他创造的园区路径被引导到下一个的景区，并不会意识到他们正在被引导，所以，他在造景中坚持消减和取消对保持清醒头脑有分心作用的干扰元素，如果你曾经在展望公园有过迷路的感受，你仍可以完全有信心轻松地返回到起点。

运用史料、文献综合学习展望公园及相关案例，通过整理其规划、建设、发展要点以及相关的实践分析，对当今探索和建设现代公园以及为城市化进程中的城乡设计提供理论依据，对发展生态城市颇具借鉴和启示意义，是一项有益的实践参考。

Prospect Park's Creation and the Lessons from Olmsted's Approach

Tang Yan-hong

Abstract: Olmsted has the experience in plant use, Land form design, and the management of construction personnel, Vaux has architecture back ground and the pursuit and taste of aesthetic, Stranahan has vision, determination and courage, those helped them resist many unfavorable factors and the opinions. Achieving classic, all the three men are indispensable. In modern world , a landscape design, a successful park that serves the community not only rely on vision of design, but also on construction management as well as long term persistent to maintain the designer's vision and management of the parks. Many of the green spaces that define towns and cities across the America are influenced by Olmsted. The lessons from Olmsted's approach are well worth to learn for today's urbanization.

Key words: Prospect Park；historical site；urban park

作者简介

唐艳红 /1963 年生 / 女 / 易兰规划设计院副总、设计总监，美国风景园林协会会员 / 研究方向为园林生态环境、城市设计、文旅规划、城市绿色基础设施、现代西方园林发展史

方寸山水话谐趣

肖锐

摘　要：颐和园谐趣园是久负盛名的园中之园，乾隆十六年（1751年）仿江南名园无锡惠山寄畅园而建于清漪园中，其时名为惠山园，乾隆为此写下众多御制诗以示对该园的喜爱。嘉庆十六年（1811年）重修该园，改名谐趣园。小园方塘数亩，环池建筑样式多样，并由三步一回、五步一折的游廊连接，错落相间，步步有景。

关键词：园中园；谐趣园；知鱼桥；兰亭

方寸山水间总是包含无限意趣，盆景、印章，甚至园林，无不如此。方寸之间的和谐融洽、配合得当，带来的不仅是美感，更是对“一方一净土，一念一清静”的感悟。

园中有园，是中国古典园林经常采用的布局手法。颐和园里有座“谐趣园”，巧妙地隐藏在万寿山东坡之下，淡然幽致的情怀使这座不足十亩的小园林自得其意。

谐趣园前身名为惠山园。“江南诸名墅，惟惠山秦园最古，我皇祖赐曰寄畅。辛未春南巡，喜其幽致，携图以归，肖其意于万寿山之东麓，名曰惠山园。一亭一径，足谐奇趣”。这是乾隆十九年（1754年）御制诗《题惠山园八景》之序，道出在清漪园（颐和园前身）内建造惠山园的缘由：乾隆十六年（1751年），乾隆帝第一次南巡，对无锡寄畅园的“嘉园迹胜”非常欣赏，誉之为“清泉白石自仙境，玉竹冰梅总化工”，于是命随行画师将此园景摹绘成图。三年后，带有江南园林特色的小园在清漪园内建成，乾隆很满意，亲自题署“惠山园八景”，并多次赋写《惠山园八景诗》。这个小园林的建成，成为前山前湖景区向东北方的延伸点，又是后山后湖景区的一个结束点，盘活了整个清漪园东北隅之山水。

嘉庆十六年（1811年），在惠山园原有山形地貌的基础上重修改建，整体上保留了惠山园时期南北向和东西向的轴线，沿袭了惠山园的基本格局，并易名“谐趣园”，部分建筑添建与更名。“谐趣”二字取乾隆诗“一亭一径，足谐奇趣”。嘉庆帝另作御制《谐趣园记》，其中写“万寿山东北隅，寄畅园旧址在焉。我皇考南巡江省，观民问俗之暇，驻跸惠山，仿其山池结构建园于此……地仅数亩，堂止五楹，面清流，围密树，云影天光，上下互印，松声泉韵，远近相酬。觉耳目益助聪明，心怀倍增清洁，以物外之静趣，谐寸田之中和，故命名谐趣园”，点明谐趣园“静”之主题。光绪十七年（1891年），慈禧重建谐趣园时又增建部分建筑与游廊。由此，谐趣园五处轩堂、七座亭榭由廊墙联为一体，在规矩中增添了自由活泼的意趣。

谐趣园内环池建有知春亭、引镜、洗秋、饮绿、澹碧、知春堂、小有天、兰亭、湛清轩、涵远堂、瞩新楼、澄爽斋等亭、楼、堂、轩、斋、榭，并用曲廊把这些建筑连接起来，水池四周用太湖石砌成泊岸，沿岸遍植垂柳。

入谐趣园宫门即是知春亭，此建筑为光绪十七年（1891年）重建谐趣园时增建的一座亭式建筑，其名称与昆明湖畔知春亭相同。出知春亭由三间游廊串联着小巧的轩式建筑——引镜，建筑坐南朝北。“引镜”形容池水明澈，开轩观赏如举镜眼前，又指政治清明，有歌功颂德之意。

引镜东侧为临水建筑“洗秋”，一座开朗明敞的敞轩。坐此观小园，看水中秋色倒映，清爽如洗，正如乾隆二十五年（1760年）作御制诗《洗秋阁》所写：“惠山园里洗秋阁，八柱玲珑水一方。即景飒然成小坐，当前妙趣悟蒙生”。

洗秋北三间游廊贯通另一临水建筑“饮绿”，为一座水榭建筑，始建于乾隆年间，其时名为“水乐亭”，为惠山园八景之一。“水乐亭”是仿照杭州烟霞岭水乐洞及苏轼多篇《水

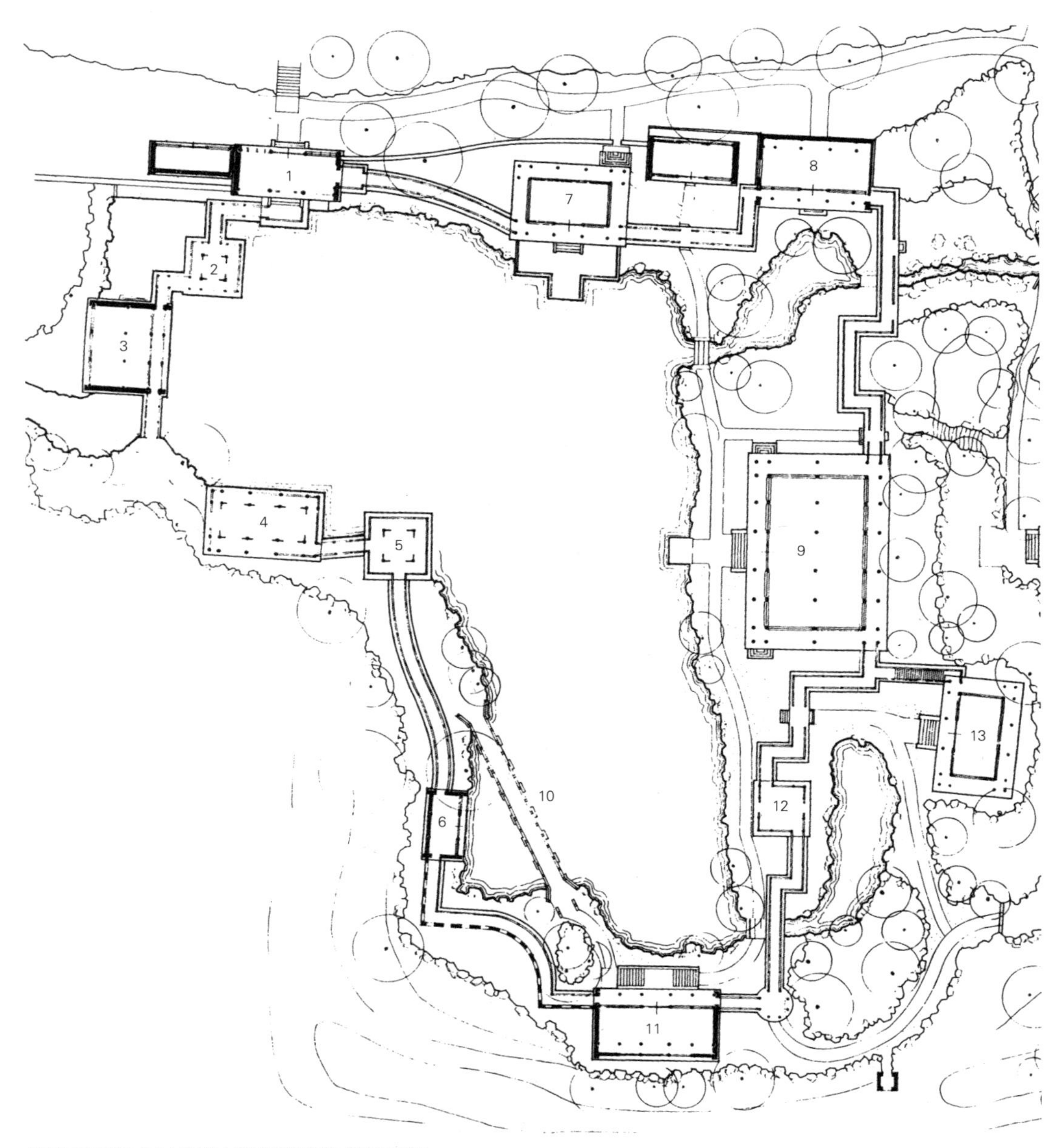

谐趣园平面图（引自清华大学建筑学院编《颐和园》）

1—谐趣园宫门；2—知春亭；3—引镜；4—洗秋；5—饮绿；6—澹碧；7—澄爽斋；8—瞩新楼；9—涵远堂；10—知鱼桥；11—知春堂；12—兰亭；13—湛清轩

乐洞》意境而取名。嘉庆十六年（1811 年）将其更名为“饮绿”，出自“吴侬生长湖山曲，呼吸湖光饮山绿”，游鱼穿嬉荷藻间，举目则可观北岸西岸的松林烟霞。置身其中观赏如畅饮佳酿一般。光绪时期，慈禧曾在此钓鱼取乐。

饮绿隔池与涵远堂对望，两座建筑互为对景。饮绿东侧为由十几间游廊连接着的一座临水赏景的敞厅，取名“澹碧”，此建筑为嘉庆十六年（1811 年）添建。

澹碧敞厅沿什锦窗廊墙通往知春堂，其前身名为“载时堂”，仿寄畅园的嘉树堂修建，为惠山园八景之一，在乾隆年间为供帝王读书之处。嘉庆十六年（1811 年）更名为知春堂。建筑坐东朝西，乾隆诗中称其为“背山得胜地，面水构闲堂”。此堂在当时为惠山园的中心建筑；嘉庆改建此园时，在池北岸添建涵远堂，由此使园林景观中心转移到北岸。咸丰年间，皇帝曾在知春堂办公召见军机大臣。

谐趣园中最富负盛名的莫过于知鱼桥，同样为惠山园八景之一，意仿寄畅园知鱼槛。此桥为贴水而建的石平桥，便于观鱼，桥名源于《庄子·秋水》中先秦哲人庄子与惠子在濠上的辩论“子非鱼安知鱼之乐”。庄惠的“濠上问答”被广泛地用于传统园林之中，在三山五园中的圆明园有知鱼亭，静明园中有知鱼濠，静宜园有知乐濠；在北海有濠濮间，寄畅园有知鱼槛，避暑山庄有濠濮间想，都是取同样的意境。乾隆曾为惠山园八景做过多首诗文，知鱼桥自在其中，在不同时期传达了帝王不同心境。今谐趣园知鱼桥头石坊横额也为乾隆所书，并刻乾隆御制《知鱼桥》诗及乾隆玺印，足见帝王当时对其喜爱有加。

过知鱼桥向北为小有天亭，八柱重檐圆亭，光绪时期增建。“小有天”为道家所传神仙洞府之名，今河南省西王屋山号称十六洞天之第一，道家称其为“小有清虚之天”，简称“小有天”，后常用其来代指山岳型名胜之地。乾隆首次南巡杭州时，对西湖之畔的汪氏园极为喜爱，园周边瘦石玲珑，还伴有摩崖题刻，皇帝特赐名“小有天园”。在颐和园中，除谐趣园外，于万寿山西麓，也有一座小有天亭。颐和园内两处小有天旁亦有摩崖石刻，其建筑命名“小有天”也就顺理成章了。

小有天亭以北云窦山石向西一带，原为惠山园八景之一的“涵光洞”。乾隆游园时常在洞中小憩。嘉庆改建谐趣园时以涵远堂取代了寻诗迳和涵光洞等石景，现在的云窦叠石是光绪时代的景物，“云窦”二字为慈禧手书。在此之前，乾隆帝在中南海崇雅殿静谷等假山处也留有“云窦”题词。

兰亭及其连廊为光绪时期添建，并将乾隆“寻诗迳”诗文碑安置于内，“兰亭”出自东晋书法家王羲之的《兰亭集序》，借用此典故以推崇乾隆文采。“寻诗迳”为惠山园八景之一，仿寄畅园八音涧而建。石碑题刻乾隆御制“寻诗迳”诗“岩壑有奇趣，烟云无尽藏。石栏绕曲径，春水漾方塘。新会忽于此，幽寻每异常。自然成迴句，底用锦为囊”。“寻诗”之意出于“李贺锦囊藏诗”典故，诗鬼李贺常骑着一头跛脚的驴子，背着一个破旧的锦囊，出外寻找灵感，一有好的作品就写下来放入囊中；而此处也正是乾隆皇帝当年点笔题诗、寻幽无尽之地。

兰亭北侧湛清轩，建筑坐北朝南，乾隆时期名“墨妙轩”，嘉庆更名。轩内原藏有三希堂法帖续摹石刻，乾隆十七年（1751 年），皇帝从内府所藏中挑选出唐朝褚遂良至明朝文徵明等人的行草各体作品，命人嵌于墨妙轩内的廊壁间，并命工匠细心拓印，装裱成册，分赐王公大臣，名《墨妙轩法帖》。咸丰十年（1860 年）的浩劫之后，墨妙轩建筑被毁，法帖石刻不知去向。现在湛清轩内遗存一块烧裂的御碑，上镌刻乾隆皇帝诗文。

谐趣园水池北部正中为涵远堂，为嘉庆十六年（1811 年）添建，是谐趣园内的景观中心，体量为小园中各建筑之巨，坐北朝南。涵远堂在光绪年间为慈禧游园时休息的便殿，殿内有精美雅致的木雕装饰，堂前石码头为慈禧登船游园之处。

涵远堂向西穿游廊达瞩新楼，该建筑在乾隆时期名“就云楼”，因“朝暮晦明，水面山腰云气蓬勃，顷刻百变”而得名，为惠山园八景之一，嘉庆更名。瞩新楼楼体运用了万寿山东麓地势的高差，使得该建筑在小园内看为二层小楼，园外看为一层敞轩，东近溪水西对松山。该建筑在光绪年间重建。

瞩新楼往南十间游廊通至澄爽斋，该建筑在乾隆时期称“澹碧斋”，惠山园八景之一，嘉庆易名。澄爽斋坐西朝东，东望知鱼桥、知春堂，二者遥相呼应，互为对景，是极佳的观景之地，乾隆皇帝称其为“楼南闲馆，俯瞰远碧，流气之余，神心俱澹”，身为帝王置身小园之中方能体会到难得的轻松和惬意。凭栏于斋前月台之上，园内环湖倒映的亭廊楼榭山石花木，如画卷纷呈，尽收眼底，可谓“山根水裔构闲斋，澹碧之中足浴怀。莫为方塘才半亩，同其澈则望无崖”。

“芝砌春光，兰池夏气；菊含秋馥，桂映冬荣”，正如澄爽斋此副楹联所道，谐趣园内四时景物皆佳，谓清幽之景与澄静之心协调呼应，无论是惠山园之山水还是谐趣园之意趣都秉承了这一点。

参考文献

[1]（清）高宗御制诗文集［M］. 北京：中国人民大学出版社，1993.
[2] 中国第一历史档案馆，北京市颐和园管理处 . 清宫颐和园档案［M］. 北京：中华书局，2014.
[3] 北京志·世界文化遗产卷·颐和园志［M］. 北京：北京出版社，2004.
[4] 王其钧 . 中国古建筑语言［M］. 北京：机械工业出版社，2007.
[5] 朱良志 . 中国艺术的生命精神［M］. 合肥：安徽教育出版社，2005.

The Garden of Harmonious Interests in the Summer Palace

Xiao Rui

Abstract: The Garden of Harmonious Interests was built in 1751 during Emperor Qianlong`s reign. Modeled on the famous Jichang Garden in Huishan, Wuxi, it was first known as Huishan Garden. It was renamed Garden of Harmonious Interests following its refurbishment in 1811. The pond is small and peaceful, a winding corridor connects the pavilions, halls, chambers, bridges along the waterside. These ingeniously interconnected structures form diverse landscapes, making this well-known "garden within a garden" in China.
Key words: garden within a garden; Garden of Harmonious Interests; Bridge of Knowing the Fish; Orchid Pavilion

作者简介

肖锐 /1985 年出生 / 女 / 硕士 / 颐和园管理处研究室

中国园林博物馆内空间环境研究

陈进勇 郐洪涛 黄亦工

摘 要：2016年对中国园林博物馆室内展园和公共空间的14个点位的温度、湿度和光照条件进行测定。不同点位1～4月的最低温度为12℃，最高达26℃；5～8月的最低温度为21℃，最高达37℃；9～12月的最低温度为15℃，最高达26℃。1～3月空气湿度为10%～40%，4～6月升高至20%～70%，7月下旬至8月上旬雨季达到全年最大值60%～90%，随后逐渐下降，11月至12月降至10%～40%。室内展园在晴天太阳照射之时，照度基本在30000lx以上，无太阳直接照射之处，散射光照度在3000～15000lx。公共空间不同点位的照度也有差别，太阳照射不到的博览厅和文化厅等角落仅有100～200lx，生态墙面除了瞬时的折射光外，大部分时间照度低于500lx。了解不同点位的环境条件有利于选择合适的植物进行环境布置。

关键词：中国园林博物馆；室内空间；温度；空气湿度；光照强度

中国园林博物馆是一座以园林为主题的博物馆，总建筑面积49950m^2，包括10个展厅和3座室内展园，被誉为“有生命”的博物馆，展示着各种地栽及盆栽园林植物，传承着中国传统园林艺术。由于余荫山房、畅园和主体建筑公共空间的温度、湿度和光照等环境条件不一，各种园林植物对温湿度和光照需求也不一样，造成有些植物生长不适。有必要对室内展园和公共空间的环境条件进行全面监测，同时研究不同室内植物对环境条件的需求，一方面可以根据室内条件选择适当的植物材料，另一方面也可以对室内局部公共空间的环境条件进行提升改造，以进一步丰富植物种类和展览质量，打造有生命的园林专业博物馆，为游人提供舒适的参观环境。

1 材料与方法

中国园林博物馆分为上下两层，内部空间结构比较复杂，既有玻璃屋顶，也有人工光照之地，甚至有不见光区域，环境条件多样。2016年利用Hobo温湿度光照仪、TR-74ui照度UV记录仪等仪器分月连续测定室内展园和公共空间有代表性的14个点的温度、湿度和光照条件，每月中旬观测10天左右（有阴天和晴天），仪器安放高度约2.5m（游人不能摘取），传感器面向光源，设定每小时记录一次。用Excel对数据进行统计、汇总和绘图，分析不同空间的环境条件差异，并与中国天气网1971～2000年广州、南京、北京气象资料相比较[1]。

2 结果与分析

2.1 温度

总体上看，中国园林博物馆14个点位的1～4月日均温最低值为12℃，最高为26℃；5～8月日均温最低值为21℃，最高为37℃；9～12月日均温最低值为15℃，最高为26℃，其趋势为夏季温度较高，其他季节较低，博物馆室内日温差较室外明显要小（图1）。

以2月为例（图2），畅园北侧（畅园北）白天能接受阳光照射，最高温达26℃，日温差达到6℃，南侧（畅园南）受墙挡无日光照射，日温差只有2℃左右；博览厅角落（博览厅南）等其他室内地点日温差多在2℃以内，但博览厅温度总体较生态墙（生态墙西）和余荫山房（余荫山房东）温度高2℃左右。

5月畅园北侧受太阳照射，最高温度可达34℃，最低22℃，日温差达10℃；二层文化厅外墙温度22～30℃，日温差3℃左右；畅园南侧最高温28℃，日温差也在3℃左右；博览厅温度最低，22～24℃，温差也最小（图3）。

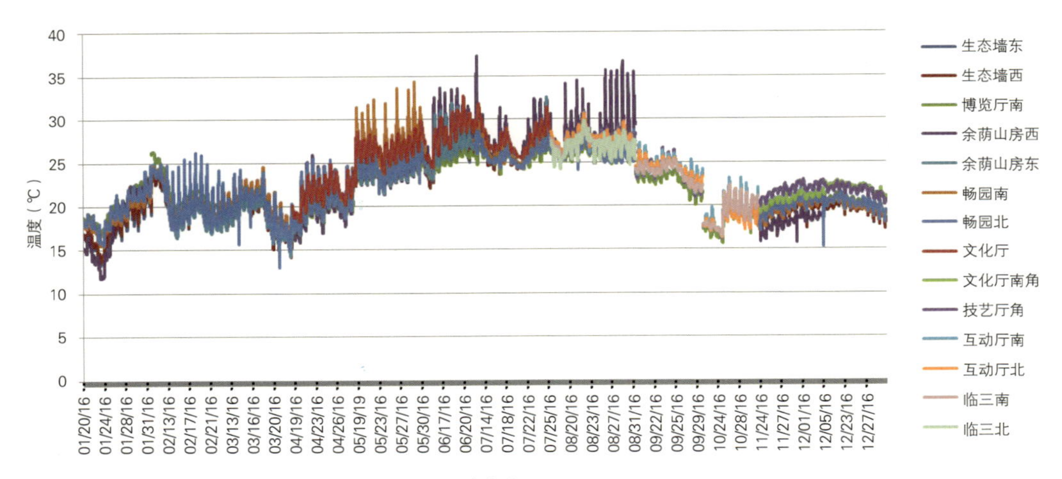

图 1 中国园林博物馆不同点位的全年（月 / 日 / 年）温度变化

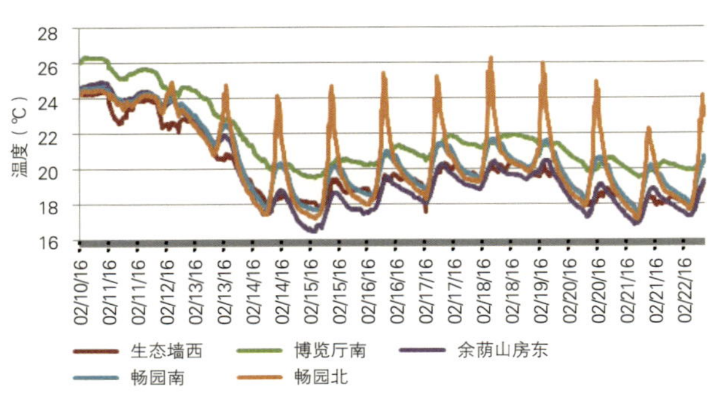

图 2 园林博物馆不同点位 2 月的气温

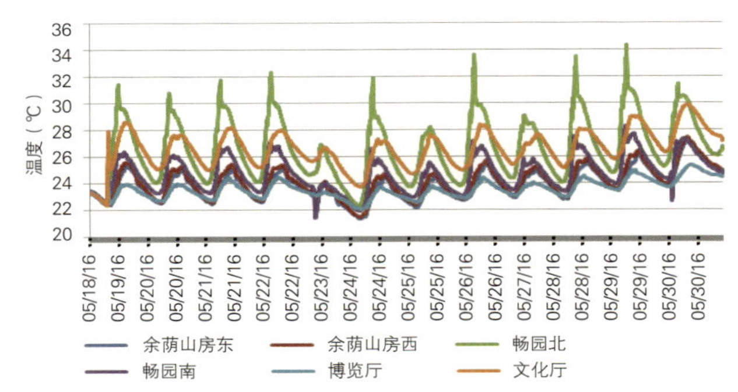

图 3 园林博物馆不同点位 5 月的气温

8 月畅园北侧由于树木的遮阴作用，日温差在 2 ~ 3℃，总体在 24 ~ 30℃；二层技艺厅角落类似，温度略高；博览厅角落温度最低（25 ~ 27℃），温差也最小（1℃左右）；余荫山房西侧（余荫山房西）由于受太阳西晒，有 6 ~ 10℃的温差，日最高温达短时 37℃（图 4）。

11 月底至 12 月初，二层技艺厅角落（技艺厅角）的温度最高，在 20 ~ 23℃，日温差 1℃左右；其次为博览厅角落，较前者低约 1℃；畅园南侧和北侧虽然温度与博览厅近似，但日温差基本大于 1℃；余荫山房西侧温度最低，16 ~ 20℃，除两个极值外，日温差在 1 ~ 2℃（图 5）。

可见馆内不同点位的温度首先受太阳辐射的影响，阳光照射之处温度显著上升，如畅园太阳照射与不照射之处（之时），温度差异非常明显；其次受高度的影响，由于二层（技艺厅角落）受热空气上升的影响，温度较一层（博览厅角落）

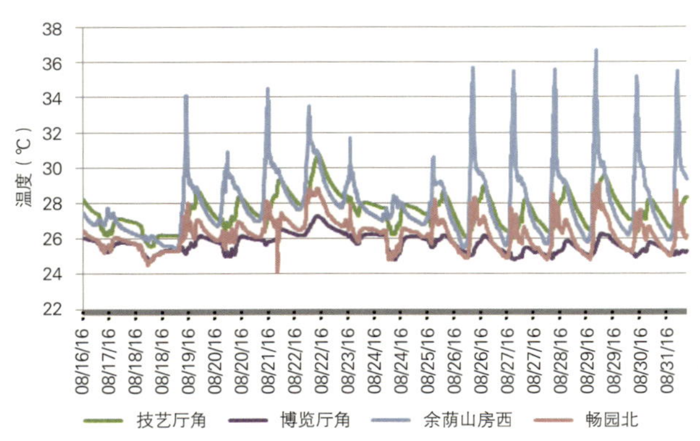

图 4 园林博物馆不同点位 8 月的气温

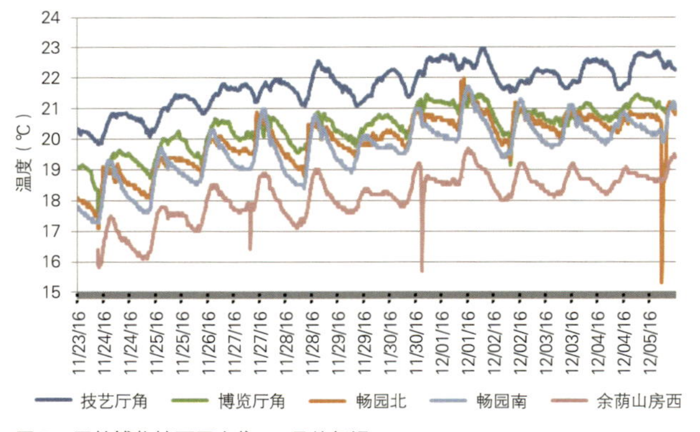

图 5 园林博物馆不同点位 11 月的气温

要高；此外还受散热的影响，余荫山房西侧为玻璃，冬季容易散热，导致温度偏低。但总体上看，由于受空调设置的影响，日温差明显偏小，尤其是不受太阳照射之处（如博览厅角落），基本是趋向恒定的。

以园博馆博览厅为例，与 1971 ~ 2000 年广州（广东）、南京（江苏）、北京月均温比较，室内温度总体上与广州更接近，冬季 12 月至次年 2 月较广州高 5℃，其他月份与广州持平或偏低；11 月至次年 3 月高出南京 10 ~ 18℃，其他月份相差在 5℃以内；与北京室外相比，11 月至次年 3 月高出 14 ~ 22℃，其他月份相差在 5℃内（图 6）。

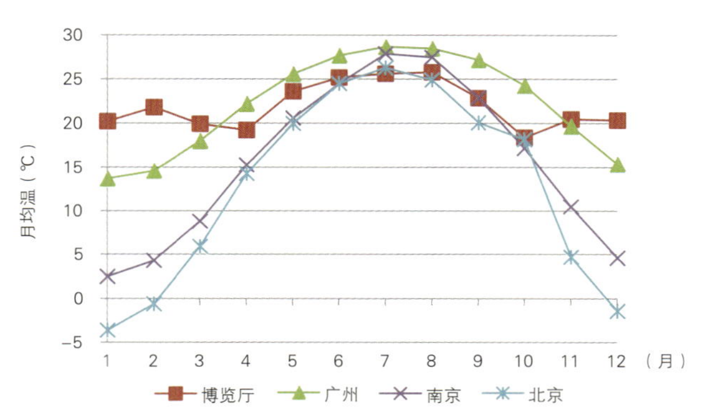

图 6　园林博物馆博览厅与广州、南京、北京的月气温比较

2.2　空气相对湿度

室内展园和公共空间的空气湿度与大气湿度相关，排除极值（结露或浇水水滴影响），14 个点位 1 ~ 3 月空气湿度在 10% ~ 40%，4 ~ 6 月逐步升高，在 20% ~ 70%，7 月下旬至 8 月上旬雨季盛期空气湿度达到全年最大值，60% ~ 90%，随后逐渐下降，为 30% ~ 80%，11 月至 12 月空气湿度降至 10% ~ 40%（图 7）。

以 2 月为例，不同点位的空气湿度相近，日较差在 10% ~ 20%，总体最低为 15%，最高达 45%（图 8）。

5 月不同点位的空气相对湿度以文化厅（二层）较低，其他点位高出 5% 左右，日较差 5% ~ 15%，总体最低值 30%，最大值 65%（图 9）。

8 月阴雨天空气湿度大，为 50% ~ 80%，晴天在 30% ~ 60%，不同点位，以余荫山房西侧的湿度日较差最大（达 30%），其次为畅园北（10% 左右），一层博览厅角落和二层

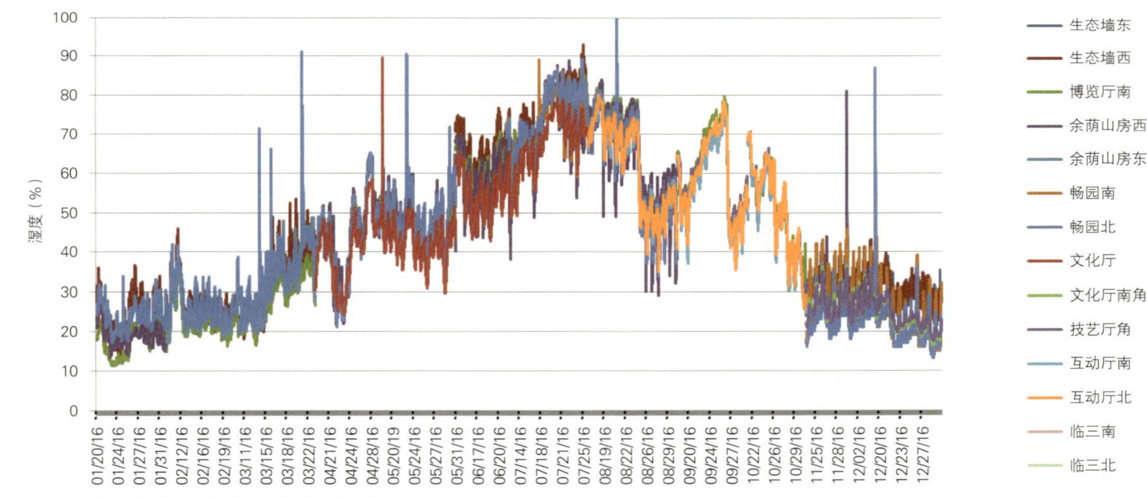

图 7　园林博物馆不同点位的全年空气相对湿度变化

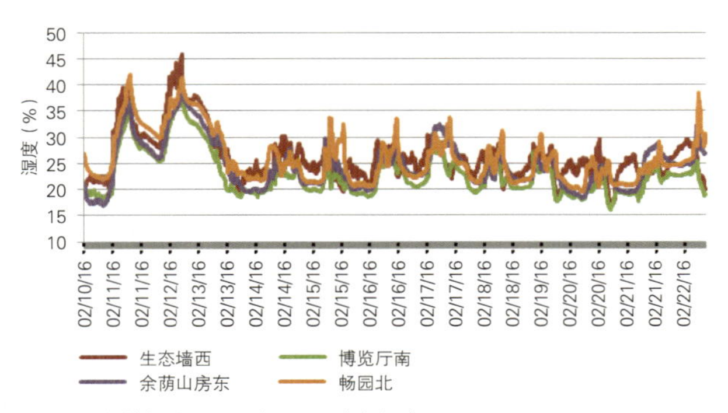

图 8　园林博物馆不同点位 2 月的空气湿度

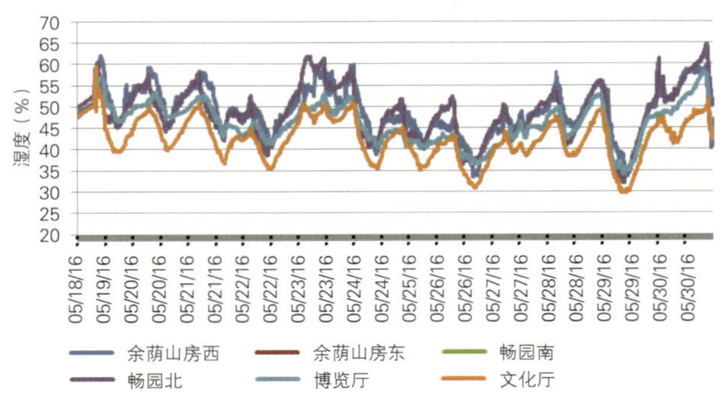

图 9　园林博物馆不同点位 5 月的空气湿度

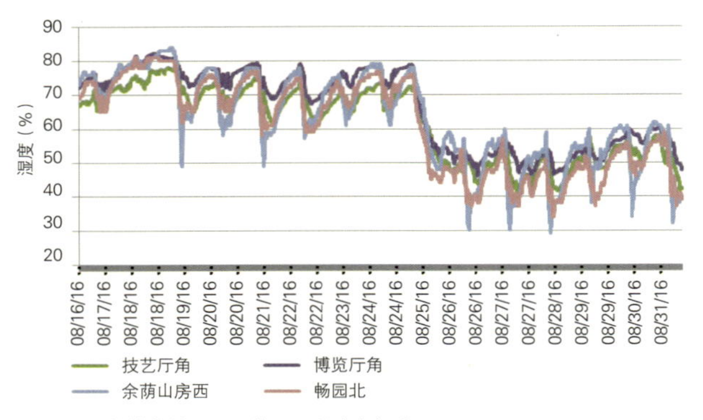

图 10 园林博物馆不同点位 8 月的空气湿度

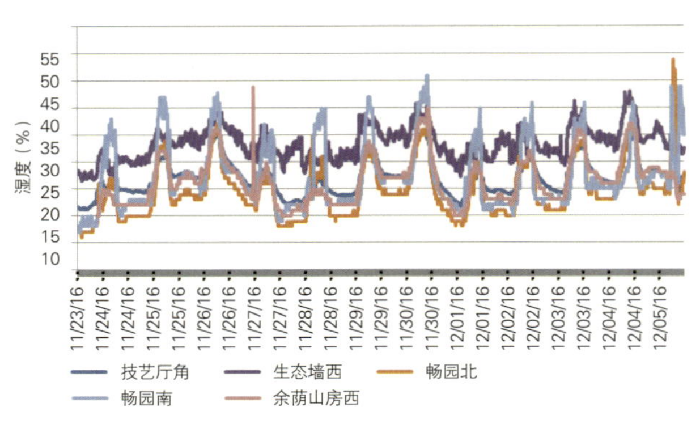

图 11 园林博物馆不同点位 11 月的空气湿度

技艺厅角落日较差都在 10% 以内，博览厅湿度较技艺厅略大 5% 左右（图 10）。

11 月不同位点的空气相对湿度在 15% ~ 45%，其中生态墙面湿度较高（25% ~ 45%），日较差小于 10%；其他点位日较差大，达 25%（图 11）。

可见，中国园林博物馆全年的空气相对湿度变化，主要与外界环境的空气湿度相关。不同点位的相对湿度差异不大明显，只是太阳辐射越强，温度越高，湿度越小；二层（技艺厅）的空气相对湿度也较一层（博览厅）低；生态墙面的相对湿度稍高。这与温度的变化趋势相反。

同样以园博馆博览厅为例，与北京（室外）、上海、广州的月平均空气湿度相比较（数据引自文献 [2]），11 月至次年 2 月较北京室外空气湿度偏低，为 20% ~ 30%，这与空调加温不加湿、室内外温差大有关，其他月份接近；与上海和广州相比，除了 7 月份较接近，其他月份均明显偏低，差值在 15% ~ 57%，以 11 月至次年 3 月差值较大（图 12）。

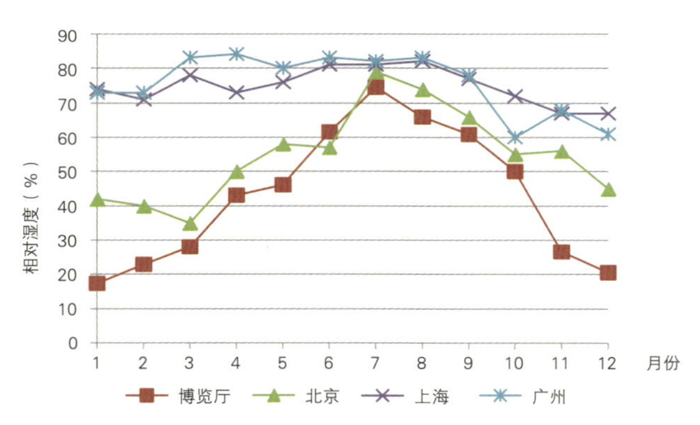

图 12 园林博物馆博览厅与北京、南京、广州的月空气相对湿度比较

2.3 光照

室内展园和公共空间的光照情况比较复杂，室内展园畅园和余荫山房在晴天太阳照射之时，照度基本在 30000lx 以上，夏季最高能达到 60000lx，冬季在 10000 ~ 20000lx；而夏季太阳光直射的片石山房照度达到 110000lx 以上，两个室内展园的照度相应在 50000lx 左右，不到全光照的 50%（图 13）；室内展园无太阳直接照射之处，散射光照度在 3000 ~ 15000lx，差异更大。以畅园南、北侧 2 月份晴天的峰值照度为例，分别为 800lx 和 32000lx（图 14），差别达 40 倍，且畅园北侧在阴天和多云的天气峰值只有 2600 ~ 10000lx，与晴天相差 3 ~ 12 倍。畅园南侧由于墙面遮挡见不到直射光，北侧太阳光可从屋顶玻璃照射而入，可

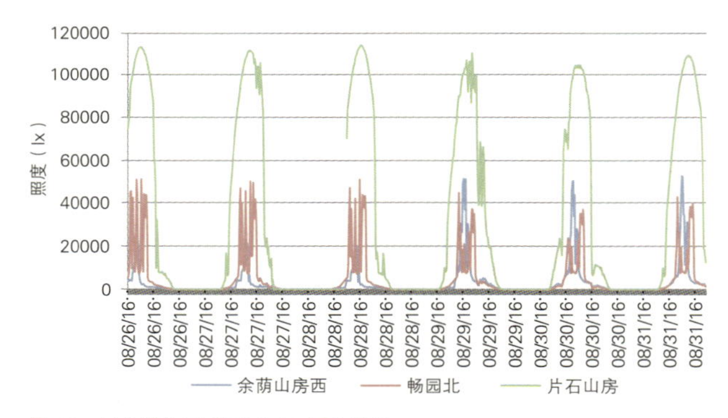

图 13 园林博物馆不同展园 8 月的照度

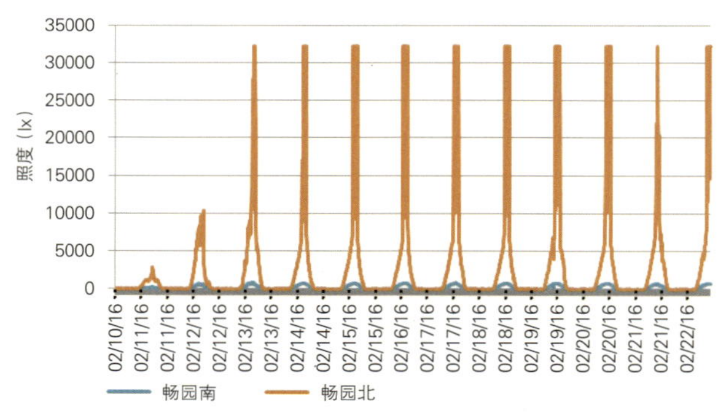

图 14 畅园南、北侧 2 月的照度

见太阳照射与不照射、晴天与阴天的光照差别巨大。同样余荫山房东、西侧由于光线照射的原因照度也有很大差别，以4月为例，西侧在晴天有短时15000～30000lx的强光照，阴天照度仅1500～2500lx；东侧由于受建筑物遮挡只有漫射光，照度在2500lx左右，与西侧直射光照相差10倍（图15）。

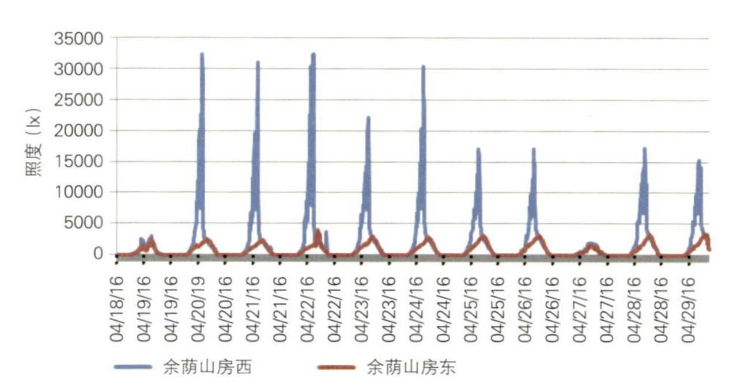

图15　余荫山房东、西侧4月的照度

位于北侧的植物生态墙面虽然接受不到阳光直射，但会接收北面屋顶反射的光照，因此出现照度的差异。以2月份为例，白天的照度约为500lx，但会有1000～5000lx的瞬间照度（图16），其中西侧（生态墙西）照度高达2000～5000lx，东侧（生态墙东）为1000～1800lx，二者相差2倍以上，主要是从大厅北侧玻璃反射到墙面的，是通常情况下的2～10倍。

公共空间不同点位的照度也会有差别，以8月份为例（图17），晴天时互动厅门口墙面（互动厅南）的照度达1400～1800lx，技艺厅角落照度达400～800lx，临三展厅南侧照度略大于200lx，博览厅角落照度约200lx。互动厅门口由于靠南侧玻璃门，有明亮的散射光，照度最大；博览厅角落位于一层，光照最弱；临三展厅位于北侧，光照也较差；

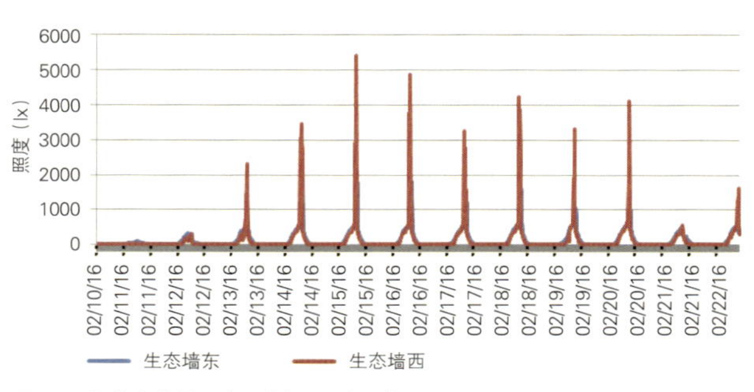

图16　植物生态墙面东西侧2月的照度

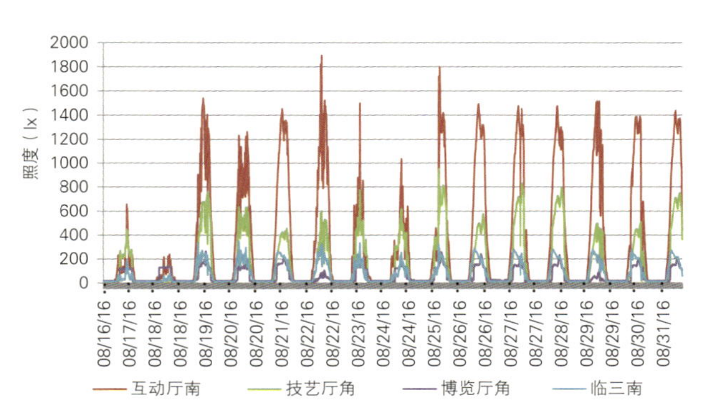

图17　公共空间不同点位8月的照度

技艺厅位于南侧二层，从畅园屋顶有散射光，照度居中。

此外，同一点位随着不同季节太阳高度角和照射强度的变化，也会有所不同。室内空间以博览厅墙面为例（图18），1～2月的照度仅有100～200lx，3～4月近300lx，5～6月近700lx，7～9月200～300lx，10～11月约100lx，12月仅50lx，全年基本呈单峰曲线，大部分时间照度在100～200lx，夏季太阳从二楼照射下来的散射光能提高区域的照度。一般来说，同一点位，夏季的照度较冬季要强。

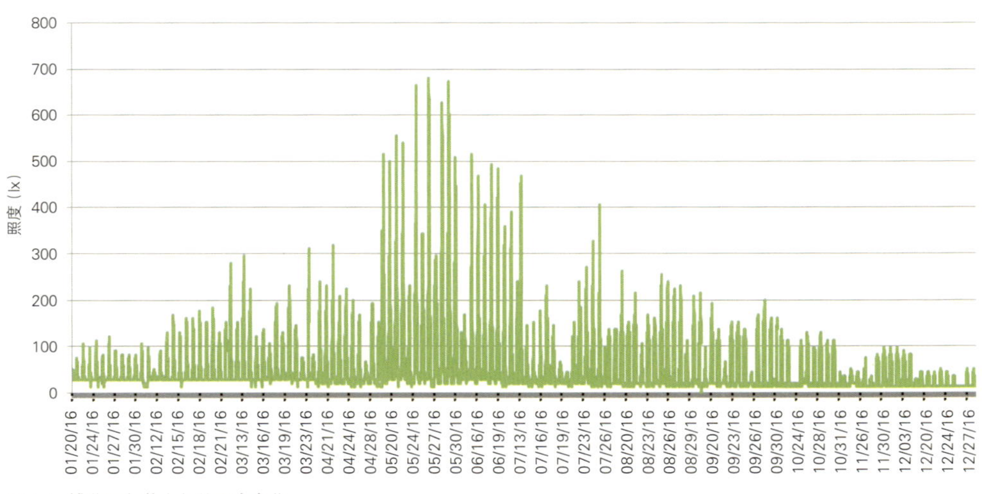

图18　博览厅角落全年的照度变化

可见，园林博物馆室内空间的光照差异非常大，室内展园（如畅园）的照度最大能达到近 60000lx，而太阳照射不到的博览厅和文化厅等角落仅有 100 ~ 200lx，生态墙面除了瞬时的折射光外，大部分时间照度低于 500lx。

3　小结与讨论

中国园林博物馆室内温度由于受空调设置的影响，全年的温度值与广州更接近（相比南京和北京），主要是由于温度设定以人和展品的需求而考虑的。11 月至次年 3 月温度基本维持在 20℃左右，高出南京 10 ~ 18℃，这对于江南一带的有些植物并不合适[3]，一是冬季温度偏高，二是昼夜温差小，导致畅园内鸡爪槭等落叶植物冬季不落叶或落叶晚，秋季叶片变色不明显。一般来说，植物在低于 5℃的气温下才开始休眠，对长江流域的一些落叶植物需要创造冷凉的环境才能让其正常生长发育。20 ~ 25℃对南亚热带或热带的常绿植物，如鹅掌柴、马拉巴栗等则较为合适[4]。

测定的 14 个不同点位的温度之间存在一定差异，原因首先是受太阳辐射的影响，阳光照射之处温度显著上升；其次受高度的影响，二层热空气上升，温度较一层要高；还受散热的影响，靠近玻璃之处，冬季容易散热，温度偏低。

由于没有加湿，园林博物馆室内空气相对湿度除 7 月外，其他月份均较上海、广州等地要低。冬季相对湿度更是低至 20%，这对喜欢空气湿度大（大于 60%）的南方植物（余荫山房和公共空间绿植）非常不利[5]，导致蕨类等有些植物出现焦边等现象。因此要让南方植物生长良好，需要在 10 月至次年 5 月采取局部加湿的措施，使空气湿度达到 60% 以上。馆内不同点位的相对湿度差异不大明显，只是植物密集的生态墙空气湿度稍高，太阳辐射之处湿度稍低。

光照是室内空间环境差异的主要因素，一些地方无太阳光照射，导致植株长势不良，出现徒长、黄叶甚至死亡情况。畅园和余荫山房西侧夏季的短时强光照和西晒，容易造成植株叶片灼伤。喜阴植物的光补偿点较低，通常在 5μmol/（m^2·s）左右，相当于 300lx。从对园林博物馆不同位点的光照测定结果看，博览厅和文化厅角落照度基本低于 300lx，不适合布置植物，或者要进行补光等处理；植物生态墙照度略高于 300lx，要选择耐阴性强的植物[6]；畅园和余荫山房的照度均高于该值，要根据不同地点太阳照射状况，选择喜阳和耐阴植物。

参考文献

[1] 中国天气网 . www.weather.com.cn.
[2] 王倩 . 房间空调器除湿特性与应用基础研究［D］. 华南理工大学，2015.
[3] 王杰青，许燕燕，朱军贞 . 苏州市室内植物装饰现状［J］. 安徽农业科学，2010，38（32）：18424-18425，18429.
[4] 余倩霞，莫楚欣，徐志强，等 . 广州市室内植物种类及应用状况调查［J］. 广东农业科学，2013，40（7）：41-44.
[5] 丁久玲，郑凯，俞禄生 . 浅析光、温、水对室内植物生长发育的影响［J］. 浙江农业科学，2012，（10）：1458-1461.
[6] 贾雪晴，符秀玉，王小如，等 . 室内植物幕墙植物材料的选择［J］. 江苏农业科学，2012，40（6）：182-184.

Indoor Environment Study for the Museum of Chinese Gardens and Landscape Architecture

Chen Jin-yong　Wu Hong-tao　Huang Yi-gong

Abstract: The temperature, humidity and light intensity of fourteen locations in the Museum of Chinese Gardens and Landscape Architecture were measured in 2016. The overall lowest temperature (T_{min}) from January to April was 12 ℃ , and the highest (T_{max}) was 26℃ ; from May to August, T_{min} was 21℃ and T_{max} was 37℃ ; and from September to December , T_{min} was 15℃ and T_{max} was 26℃ . The air humidity from January to March ranged from 10% to 40%, rising to 20% -70% from April to June, reaching 60%-90% at the end of July to early August, then decreasing to 10%-40% at the end of the year. The light intensity of indoor gardens was over 30,000lx in the sunny day, whereas it ranged from 3000lx to 15000lx in the shade. Meanwhile, the corner near the Garden Exposition Hall and the Garden Culture Hall was only 100-200lx, and the Plant Wall had illumination less than 500lx most of time. It is helpful for plant arrangement to understand the specific condition of each location.

Key words: The Museum of Chinese Gardens and Landscape Architecture; indoor environment; temperature; humidity; light intensity

作者简介

陈进勇 /1971 年生 / 男 / 江西人 / 教授级高级工程师 / 博士 / 中国园林博物馆北京筹备办公室（北京 100072）
邬洪涛 /1977 年生 / 男 / 北京人 / 工程师 / 中国园林博物馆北京筹备办公室（北京 100072）
黄亦工 /1964 年生 / 男 / 北京人 / 教授级高级工程师 / 硕士 / 中国园林博物馆北京筹备办公室（北京 100072）

动物园分级评价标准初探

吴兆铮　肖方　王瑜　杜静静

摘　要：2012年至今，对中国动物园分级与评价工作，采用资料研究、实际调研和数据核录的方法，初步形成了中国动物园分级指示和分级评价体系。为引导动物园基础管理标本，规范评价体系提供了基础资料和实践案例。

关键词：中国动物园；分级；评价体系

1　研究背景和目的

1.1　研究背景

动物园属于公益性服务单位，担负着野生动物保护和科普教育的双重功能。动物园行业作为城市发展的重要组成部分，在生态文明建设，向公众倡导关爱环境、爱护动物、保护人类共有家园等方面，发挥着积极作用；在提高市民精神生活品质与幸福指数方面，也发挥着重要作用。

中国动物园协会截止到2016年有会员单位194个。动物园行业发展要求提高教育保护、安全服务的认识，加快对动物园进行分类管理的步伐。动物园行业形成了“约定俗成”的直辖市动物园、省会动物园、专类动物园等多种分类方式，动物园现有的分类方法和方式多样化，各自为体系，缺乏量化数据支持的科学的分级标准体系，一定程度上制约了动物园行业分级评价管理的步伐。

为此，中国动物园协会已开始制定中国动物园行业标准，规范动物园的行业行为。为加强中国动物园行业管理，引导中国动物园行业发展，建立与城市管理、旅游管理相适应的动物园行业管理的评价标准，是极为迫切的任务。

1.2　研究目的

1.2.1　科学合理的动物园分类分级评价，是促进动物园可持续发展的基础

通过对不同类型动物园的特点进行分析，做出新的分类分级，明确各动物园的独特属性和管理特点，明确管理目标和保护对象，明确动物园内外资源的独有价值和整体价值，保障动物园行业的健康发展，是动物园可持续发展的必由之路。

1.2.2　实行动物园分类分级评价是动物园行业新的理论探索

在园林标准体系中，《城市绿地分类标准》CJJ/T 85—2002按照公园绿地的主要功能和内容，将动物园作为专类公园中的一小类。而对动物园本身的特点、属性没有细化研究。在新的发展形势下，对动物园进行分类分级，探索新的动物园管理模式，既是动物园发展的需求，也是动物园行业发展理论探索的延续。

1.2.3　动物园分类分级评价对实现动物园定位具有重要意义

不同规模、类型的动物园在运行管理中，如何发挥符合自身特征的保护、教育职能，向什么样的方向发展，成为动物园行业需要回答的问题。通过动物园分类分级相关标准的拟定，明确不同类别、级别动物园的管理要求，有助于科学规划动物园发展，实施有效保护和管理。

2　动物园发展概况

2.1　动物园概念的界定

目前国内对动物园的定义方法较多，没有统一的定义形式。其中应用比较广泛的定义是，动物园又称动物公园，也包括水族馆，从一般意义上讲，它是以展出野生动物、丰富和满足人类社会的文明生活而设立，从特殊意义上说，它还

是珍稀动物异地保护和普及动植物科学知识，引导和教育人们热爱自然、保护野生动物的重要场所。郭建华[1]将动物园定义为，向公众展出野生或非家养动物的场所；这个定义比较准确地描述了动物园的性质、功能。余滨、娄旭东[2]将城市动物园定义为，是搜集饲养各种动物，进行科学研究和科学普及并供群众观赏游览的园地，是城市绿地系统的一个组成部分。《园林基本术语标准》[3] CJJ-T 91—2002 对动物园的定义：在人工饲养条件下，异地保护野生动物，供观赏、普及科学知识、进行科学研究和动物繁育，并具有良好设施的绿地。《园林基本术语标准 CJJ/T 91—2002 条文说明》中对动物园的说明：动物园指独立的动物园，附属于公园中的“动物角”不属于动物园，普通的动物饲养场、马戏团所属的动物活动用地不属于动物园。动物园包括城市动物园和野生动物园等。《城市绿地分类标准》[4] CJJ/T 85— 2002 中，动物园编号为 G132，属于公园绿地（G1）中的专类公园（G13）。总结以上定义方式，本文采用的定义为，动物园是人工饲养野生动物，供观览、游乐、休憩并进行科学研究、科学普及教育、动物保护与繁衍的公共绿地。动物园的规模、展示的动物物种和动物园所处的地理位置是动物园所具有的自然属性。

2.2 国内动物园发展现状

2012 年 10 月，对全国的华北、西南、西北和华东四个片区内 72 家动物园进行了信息调查。调查内容包括动物园的地理位置、面积、动物物种数量、一级野生保护动物数量、职工数等基本要素及其各个要素之间的关系等。

调查结果显示，动物园所在地理位置属性中 60% 为市级动物园，36% 为省会动物园（含直辖市），4% 为县级动物园，无县级以下动物园。面积大于 80hm^2 的动物园占动物园总数的 22%；面积小于 80hm^2 大于 50hm^2 的占动物园总数的 10%；面积小于 50hm^2 大于 20hm^2 的占动物园总数的 10%；面积小于 20hm^2 的占动物园总数的 50%。面积大于 80hm^2 的动物园中 85% 为野生动物园，并且 60% 位于省会（含直辖市），40% 是市级动物园。面积小于 80hm^2 并且大于 20hm^2 的多为省会和市级动物园；小于 20hm^2 的大部分为市级公园。动物物种数量大于 300 的只占动物园总数的 6%，小于 300 大于 200 的也仅占总数的 7%；小于 200 大于 100 的占总数的 26%；有 61% 的动物园物种数量小于 100。动物园内一级野生保护动物数量大于 20 的占 26%，多为省会动物园（70%）；小于 10 的多为公园动物园展区和专类动物园，如重庆鳄鱼中心、中国虎园等，还有野生动物园保护区和县级动物园等；介于二者之间多为一般市级动物园。动物园职工数大于 300 的占总数的 14%，小于 100 的占总数的 57%。动物园职工数大于 300 的多为大型野生动物园和三大动物园；100 以下的多为公园的动物园展区、野生动物保护区、专类动物园等。

2.3 动物园分类分级研究现状

科学的分类是一项重要的基础性研究工作。动物园的分类，是根据动物园特征的相似性和差异性进行归并或划分出具有一定关系的不同等级类别的工作过程。在所划分出的每一种类别（类型）中，其属性上彼此有相似之处，不同类别（类型）之间则存在着一定差异。

《城市动物园管理规定》[5]（2001 年）中，第二条明确提出本规定适用于综合性动物园（水族馆）、专类性动物园、野生动物园、城市公园的动物展区、珍稀濒危动物饲养繁殖研究场所。该条款隐含的意思是将动物园分为了综合性动物园、专类性动物园、野生动物园、城市公园的动物展区、珍稀濒危动物园饲养繁殖研究场所五类。从园林体系现有的标准来看，《城市绿地分类标准》（CJJ/T 85—2002）中明确了动物园 G132 属于专类公园 G13 的一小类，而专类公园属于城市绿地 G1 的一大类。根据该标准，《重庆市公园管理条例》、《成都市公园条例》、《城市公园分类》(广州)都将动物园列为专类公园中的一小类。《园林基本术语标准 CJJ/T 91—2002 条文说明》指出附属于公园中的“动物角”不属于动物园。普通的动物饲养场、马戏团所属的动物活动用地不属于动物园。动物园包括城市动物园和野生动物园等。从《园林基础术语标准》来看，是将动物园分为城市动物园和野生动物园两大类，并明确提出公园的“动物角”不属于动物园体系。

3 动物园分级评价方法研究

3.1 分级方法介绍

3.1.1 定性描述分级

定性描述分级分类方法就是选取几个能够表征主体属性和用途的指标，对其定性描述，进行分级，具有代表性的是《北京市公园条例》，它按照公园价值高低、景观效果、规模大小、管理水平等原则将公园划分为三级，小区游园、带状公园以及街旁绿地可不纳入分级范围。

3.1.2 定性与定量相结合

定性与定量相结合的分类方法就是选取几个能够表征主体属性和用途的指标，定性描述和定量计算相结合，按照结果进行分类。《上海市园林绿化分类分级标准》和《重庆市城市公园规范化管理达标分级标准》均是采用定性与定量相结合分类方法。

3.1.3 指标赋分法

指标赋分法就是选取几个能够表征主体属性和用途的指标，按照定性描述和定量计算相结合的方式进行分类。《森林公园风景资源质量等级评定》、《旅游区景区质量等级的划分与评定》GB/T 17775—2003、《野生动物园评价标准》都是采用的指标赋分法。

3.2 现有分级方法优缺点分析

定性描述法的优点包括能够深层次、多角度、多途径地对动物园进行分级，同时允许各个动物园根据自身的特征调整相应的分级方法；其缺点是分级过程中容易受到相关人员经验、能力的影响，具有一定的主观偏差性，容易失去分级的公正性；只能提供“软性”的信息而非“硬性”的信息。

定性与定量结合法中，定量分级是通过对研究者专门的测量和数学分析得到的数量资料来进行量化，具有科学性、客观性和精确性。缺点是由于数据收集过程中可能存在的片面性，导致结论的偏差，造成分级的局限性。定性与定量分级相结合，可以穿插使用，相互借鉴，使研究具有科学性、全面性。指标赋分法是根据动物园特点，确定适当的分级指标，并制定分级等级和标准，直观性强，计算方法简单。但是无法全面考虑所有因素，需要权威部门专家进行打分，操作过程烦琐，成本较高，持续周期较长。

3.3 动物园分级评价指标研究

3.3.1 专家头脑风暴法

聘请动物园管理有关方面的专家召开专题会议，尽可能多地针对动物园分级提出宝贵的意见和建议，集合大家的智慧，得到初步结论；再对整合结果进行质疑和完善，形成较系统的动物园分级标准。

3.3.2 动物园分级评价指标

动物园分级以提高动物园分级管理水平为总目标，结合动物园的四个基本属性特征：自然保护、科学研究、科普教育、休闲娱乐，采用专家头脑风暴法，选取动物园区建设状况、动物教育保护状况、安全服务能力和管理运行水平四个大指标作为目标层；将目标层分解为对应的要素，建立清晰明确有层次的动物园分级标准评价体系。采用定量分级方法——指标赋分法，研究结果见表1和表2。

动物园分级体系　　表1

分级指标	规模指标	
	总面积（hm^2）	展示动物（种数）
大型	≥ 50	≥ 120
中型	20 ~ <50	50 ~ < 120
小型	< 20	< 50

动物园分级指标体系表　　表2

序号	权重	分级要素		总分值	评分说明	得分值
1	0.15	游客量		15	年游客量≥ 100 万，+15 分；年游客量 50 万 ~ < 100 万，+10 ~ 14 分，年游客量 < 50 万，+0 ~ 9 分	
2	0.2	饲养管理	动物种数	10	动物种群数量≥ 200，+10 分；动物种群数量 50 ~ < 200，+ 5 ~ 9 分；动物种群数量 < 50，+0 ~ 4 分	
			动物数量总和	10	动物数量≥ 1000，+10 分；动物数量 500 ~ < 1000，+5 ~ 9 分；动物数量 < 500，+0 ~ 4 分	
3	0.05	动物园面积		5	园区面积≥ 20hm^2，+5 分；园区面积 10 ~ < 20hm^2，+3 ~ 4 分；园区面积 < 10hm^2，+0 ~ 2 分	
4	0.05	动物园工作人员		5	职工在岗人员≥ 100 人，+5 分，职工在岗人员 50 ~ < 100 人，+3 ~ 4 分；职工在岗人员 < 50 人，+0 ~ 2 分	
5	0.1	收支平衡		10	经营收支平衡等于 1，+10 分；经营收支平衡不等于 1 时，差 10% 减 1 分	
6	0.1	公众教育—科普		10	国家 / 省级科普基地，+10 分；地市级科普基地，+5 分；年度科普次数≥ 20 次，+5 分；年度科普次数 5 ~ < 20 次，+2 ~ 4 分；年度科普次数 < 5 次，+0 ~ 1 分	
7	0.15	动物保护	疾病防控	5	本园设置独立兽医院，+5 分；设置兽医室，+3 分；设置兽医员，+2 分；未设置任何防控措施不得分	
			成活率	5	动物成活率≥ 80%，+5 分；动物成活率 50% ~ < 80%，+3 ~ 4 分；动物成活率 < 50%，+0 ~ 2 分	
			动物科研	5	有专项科研经费、专业科研课题，+5 分；只有研究项目、无经费，+2.5 分	
8	0.2	管理制度	安全生产	5	安全管理制度齐全、内容完整，+5 分，建立了安全管理制度，但是内容简单，+1 ~ 4 分；无安全管理制度不得分	
			卫生消毒规程	5	卫生消毒制度齐全、内容完整，+5 分，建立了卫生消毒制度，但是内容简单完整，+1 ~ 4 分；无卫生消毒制度不得分	
			饲养操作规程	5	饲养操作规程齐全、内容完整，+5 分；建立了饲养操作规程，但是内容简单，+1 ~ 4 分；无饲养操作规程不得分	
			其他管理制度	5	制定了一些其他相关的管理制度，内容完整，+5 分；制定的管理制度简单，酌情+1 ~ 4 分；无任何其他管理制度不得分	
共计	1			100		

注：动物园评价得分超过 80 分为一级动物园，50 ~ 80 分为二级动物园，低于 50 分为三级动物园。

4 动物园分级评价核录案例

根据研究的动物园分级评价指标体系，对国内现有的动物园抽样62家开展了问卷调查，获取各个指标的赋分制，国内现有动物园的分级评级结果见表3，其中80分以上的动物园20家，80～60分的动物园15家，59～40分的动物园19家，40分以下的动物园7家。

中国动物园分级指标体系——63家单位核录表　　表3

序号	动物园名称	权重	0.2	20		0.5	0.5	0.1	0.1	0.15			0.2			
				动物规模						动物保护			管理制度			
		分级要素	游客量	动物种数	动物数量	园区面积	人员规模	收支平衡	动物科普	疾病防控	繁殖率	动物科研	安全管理	卫生消毒	饲养操作规程	其他管理制度
		总分值	15	10	10	5	5	10	10	5	5	5	5	5	5	5
1	广州动物园	100	15	10	10	5	5	10	10	5	5	5	5	5	5	5
2	北京动物园	100	15	10	10	5	5	10	10	5	5	5	5	5	5	5
3	重庆市动物园	100	15	10	10	5	5	10	10	5	5	5	5	5	5	5
4	济南动物园管理处	97.5	15	10	10	5	5	10	10	5	5	2.5	5	5	5	5
5	太原动物园	96.5	15	9	10	5	5	10	10	5	5	2.5	5	5	5	5
6	南宁动物园	96.5	15	10	10	5	5	10	10	5	5	2.5	5	5	5	4
7	成都动物园	96	15	10	10	4	5	10	10	5	3	5	5	5	5	4
8	杭州动物园	95.5	15	8	10	5	5	10	10	5	5	2.5	5	5	5	5
9	石家庄市动物园管理处	95	15	10	10	5	5	10	10	5	0	5	5	5	5	5
10	大连森林动物园	95	13	9	10	5	5	10	10	5	5	5	5	5	5	3
11	西安秦岭野生动物园	93.5	13	10	10	5	5	8	10	5	5	2.5	5	5	5	5
12	郑州市动物园	94.5	15	10	10	5	5	10	10	4	5	2.5	5	5	5	3
13	长沙生态动物园（前身长沙动物园2010.9搬迁）	91	14	7	10	5	5	10	10	5	5	0	5	5	5	5
14	长春市动植物公园	89.5	12	6	10	5	5	9	10	5	5	2.5	5	5	5	5
15	南京市红山森林动物园	88.5	15	10	10	5	5	10	10	10	5	3.5	0	5	0	0
16	武汉市动物园管理处	87.5	15	6	10	5	5	10	10	5	5	2.5	4	4	4	2
17	临沂动植物园	86	9	9	10	5	4	10	10	4	5	0	5	5	5	5
18	福州市动物园管理处	86	11	6	5	5	4	9	10	10	5	5	4	4	4	4
19	成都大熊猫繁育基地	81	15	0	2	5	4	10	10	5	5	5	5	5	5	5
20	茂名市野生动物救护研究中心	80.5	10	6	9	5	1	10	10	5	4	2.5	5	5	5	3
1	西宁野生动物园	79.5	6	7	10	5	2	10	10	4	5	2.5	5	5	5	3
2	无锡市动物园管理处	76.5	12	6	10	5	5	10	10	0	5	3.5	5	5	0	0
3	青岛市动物园管理处	73	14	6	4	5	4	10	10	3	4	2	5	2	2	2
4	沈阳森林动物园	72.5	7	8	10	5	5	9	5	5	4	2.5	3	3	3	3
5	苏州市动物园	72.5	10	5.5	5	5	5	10	10	10	5	2	0	0	5	0
6	荣成市西霞口动物园有限公司	71.5	8	8	10	5	5	10	10	2	5	0.5	2	2	2	2
7	洛阳市王城动物园	70	10	6	9	5	2	5	5	2	5	5	4	4	4	4
8	天津市动物园	69	12	7	10	5	5	9	0	5	4	0	3	3	3	3
9	本溪市动植物园管理办公室	67	11	6	5	5	5	9	5	5	4	0	3	3	3	3
10	长春市动植物公园	65	12	6	10	5	4	10	10	0	5	3	0	0	0	0
11	江苏淹城野生动物世界有限公司	64.8	8	7.5	10	5	0	0	10	2	3.8	3.5	5	5	5	0
12	中山市紫马岭动物园	64	4	3	10	1	1	10	10	5	1	2	5	5	5	2
13	鄂尔多斯野生动物园	63	7	3	10	5	5	10	0	3	5	2	5	3	3	2
14	厦门市思明区园林绿化管理中心动物园	62.5	13	4	2	1	1	10	10	4	5	0.5	3	3	3	3
15	秦皇岛野生动物园	61	10	8	10	5	5	1	5	5	0	0	3	3	3	3
16	温州市景山森林公园管理处（温州动物园）	61	12	7	6	4	1	10	10	3	5	3	0	0	0	0
17	柳州市动物园	60	10	5	5	5	2	0	5	5	5	2	4	5	5	2

续表

序号	动物园名称	权重	0.2	20		0.5	0.5	0.1	0.1	0.15			0.2			
		分级要素	游客量	动物规模		园区面积	人员规模	收支平衡	动物科普	动物保护			管理制度			
				动物种数	动物数量					疾病防控	繁殖率	动物科研	安全管理	卫生消毒	饲养操作规程	其他管理制度
		总分值	15	10	10	5	5	10	10	5	5	5	5	5	5	5
1	锦州市园林管理处动物园	57.5	2	5	9	5	3	10	5	3	5	0.5	2	3	3	2
2	鞍山市动物园	57	5	3	2	5	4	9	5	5	5	2	3	3	3	3
3	东莞香市动物园	56	7	6	6	5	5	10	3	2	5	5	0	0	0	2
4	鸡西市动植物园	56	1	3	7	5	2	9	5	5	5	2	3	3	3	3
5	淄博动物园管理办公室	54	4	3	5	3	2	10	5	2	5	3	3	3	3	3
6	佳木斯市水源山公园	52	4	3	2	5	1	9	5	5	4	2	3	3	3	3
7	梧州市动植物研究所	52	0	0	1	1	1	10	10	5	5	2	5	5	5	2
8	佛山市中山公园动物园	51	4	3	2	1	1	10	5	5	1	1	5	5	5	3
9	邯郸市园林局丛台公园	50	11	5	5	5	1	5	5	2	3	0	2	2	2	2
10	漳州市园林管理局动物园管理处	50	1	4	5	1	1	10	5	5	5	1	3	3	3	3
11	梧州市动物园	50	3	5	3	3	0	10	0	5	5	0	4	5	5	2
12	扬州动物园	48.5	2	5	8.5	5	3	0	5	10	5	5	0	0	0	0
13	泉州市东湖动物园有限公司	47	3	3	2	1	0	10	5	5	5	1	3	3	3	3
14	淮安市动物园	46.3	3.3	5	3	5	3	10	10	0	5	2	0	0	0	0
15	安庆市动物园	44.5	2	5	2	1	2	10	5	3	5	0.5	2	2	3	2
16	广东粤北华南虎省级自然保护区管理处	44.5	0	0.5	0.5	0	1	10	10	5	5	0.5	3	3	3	3
17	福建省三明市园林管理局动物园	44	2	4	2	0	0	9	5	5	5	0	3	3	3	3
18	南平市城市公园管理处	44	2	4	2	2	2	9	0	5	5	1	3	3	3	3
19	内江市人民公园动物园	40	2	4	2	1	2	10	5	2	4	0	2	2	2	2
1	广元动物园	39	1	2	1	1	0	10	5	5	3	0	3	3	3	2
2	衡阳市动物园	39	2	5	3	1	2	10	0	2	5	1	2	2	2	2
3	双鸭山市北秀公园	36	4	1	1	5	0	9	0	2	5	1	2	2	2	2
4	唐山市大城山公园	36	2	4	1	5	1	9	0	5	1	0	2	2	2	2
5	三门峡市人民公园	31	3	3	2	1	1	5	0	2	5	1	2	2	2	2
6	昆山市亭林园动物园	31.6	1	2.5	1.6	0.5	1	10	0	0	5	0	5	5	0	0
7	安阳市人民公园	27	8	1	1	1	1	5	0	2	0	0	2	2	2	2

注：此表录入分值取最低值。

5 下一步研究展望

面对当今社会的机遇和挑战，尽快建立建设符合我国国情，又与国际接轨的科学可操作的分类分级评价标准，为动物园分级分类管理提供标尺，为各动物园因发展需要向政府、社会寻求支持与帮助时提供依据，为各动物园开展日常管理工作提供依据，为建立科学的动物园分类分级标准体系打好基础。

参考文献

[1] 郭建华. 动物园非主营业务民营化模式研究——以温州动物园为例 [D]. 上海：同济大学，2008

[2] 余滨，娄旭东，等. 城市动物园教育功能探析 [J]. 中国西部科技，2011，10 (36).

[3] 园林基本术语标准 CJJ-T 91—2002.

[4] 城市绿地分类标准 CJJT 85—2002.

[5] 建设部令第 105 号城市动物园管理规定.

Initial Analysis on Classification Assessment Standard of Chinese Zoos

Wu Zhao-zheng Xiao Fang Wang Yu Du Jing-jing

Abstract: Based on investigating Chinese zoos, classification index and grading evaluation system of Chinese zoos have been established by collecting and analyzing data since 2012. This classification assessment standard provides the basic information and practical cases for the management standard of the zoos.

Key words: Chinese zoo; classification; evaluation system

作者简介

吴兆铮 /1957 年生 / 男 / 北京人 / 学士 / 毕业于北京林业大学 / 现就职于北京动物园 / 研究方向为管理

肖方 /1957 年生 / 男 / 北京人 / 学士 / 毕业于北京林业大学 / 现就职于北京动物园 / 研究方向为管理

中国青花山水楼阁纹与英国柳树图案瓷器分析

王贺　赵丹苹

摘　要：通过对中国园林博物馆所藏的青花山水亭台楼阁纹瓷器进行梳理和介绍，引出明清时期青花山水亭台楼阁纹瓷器外销过程中对英国制瓷业的影响。阐述英国在仿制青花山水亭台楼阁纹瓷器的过程中成功设计出了风靡欧洲的具有中国园林元素的柳树图案瓷器。

关键词：青花山水亭台楼阁纹；柳树图案；外销瓷

中国园林博物馆的馆藏文物中有四百余件与园林主题密切相关的外销瓷，是中国园林文化西传的主要见证。这些外销瓷中不但展现了中国的自然山水观，而且也体现了在贸易和文化频繁交流的大背景下，中国古典园林元素对西方瓷器纹饰风格的影响。中国园林博物馆所藏的外销瓷是研究中国园林文化西传的实物例证，也从侧面反映出中国传统园林文化的精髓被西方国家吸收和运用，悄然地影响着西方国家对园林的认识。中国园林博物馆收藏的外销瓷产地分布广泛，收藏有荷兰、英国、西班牙、意大利、法国、日本等国家仿制中国明清外销瓷而烧造的瓷器近二百余件套。其中，就收录了当时风靡欧洲的青花山水亭台楼阁纹外销瓷器，青花瓷器是中国陶瓷最伟大的发明之一，其瓷色以蓝白为主，清新淡雅深受欧洲市场的欢迎。另外山水亭台楼阁纹在欧洲市场上的出现是中国园林文化登上世界舞台的有力见证，这种外销瓷纹饰的出现被英国、荷兰等欧洲国家的制瓷厂商争相仿制生产，欧洲国家的制瓷厂把中国普遍的山水亭台楼阁纹加以演变和改造，仿制成了独具特色的柳树图案瓷器。这些欧洲国家仿制的柳树图案外销瓷独具中国特色，是把中国园林中的主题元素融入瓷器装饰上的表现。

1　中国瓷器的海外贸易

瓷器，是中国文化的独特符号，是古代中国对外贸易的一张名片，其深受国内外市场的欢迎，成为贵族青睐的中国产品。西方对中国瓷器的需求不断增大，也促进西方制瓷业不断发展，瓷器不再是西方贵族才能使用的奢侈品，它也逐步走进寻常百姓家，成为餐桌上的日用品。中国古代的对外贸易最早可以追溯到汉代，到了唐代已经形成了非常广阔的贸易市场。在中国瓷器的发展过程中，以唐代为分界点形成南青北白的格局。宋代之后出现了定窑、汝窑、哥窑、官窑和钧窑五大著名的瓷窑，瓷器的制作品种增多，样式各异，出现了许多代表性的瓷器，瓷器的制作体现中国文化的独特蕴含。元代景德镇的青花瓷烧制工艺逐渐成熟，这种白底蓝花的瓷器受到了广泛的欢迎，景德镇的制瓷业也大放光彩，到了明代成为瓷都。明代外销瓷贸易数量更大、辐射面更广，同时明代官窑烧造技术炉火纯青也带动了民窑制瓷技术的改进，民窑烧造的青花瓷满足了海外市场的需求。清代海外贸易空前繁荣，各国之间的交流更加频繁，不但为中国带来了新的技术与材料，而且这段时期正是西方探究中国文化最为热衷的时期，从17世纪以来国外对外销瓷的需求十分巨大，并在东印度公司的主导下，中国瓷器制品的外销更是蓬勃发展。

2　明清时期的青花山水亭台楼阁纹

明代到清初青花山水亭台楼阁纹还处于萌芽阶段，山水亭台楼阁纹是由早期的山水纹逐渐演变形成的。明代早期人物故事纹多以山水楼阁作为场景出现在瓷器的装饰上，较为常见的有山水庭院人物纹。山水纹在万历年间逐渐成为青花瓷器上独立的装饰，万历年间烧制出的克拉克瓷也多以亭台山水楼阁为主题纹饰，而且山水纹饰的制作技术逐渐走向成熟，并且远销海外，在欧洲市场上受到热烈欢迎。早期的克拉克外销瓷把中国古典园林中的要素展现在西方市场中，这是欧洲市场上对中国古典园林的最初认识。明清时期山水文人画日益发展起来，之后被文人创作在版画上，景德镇的制瓷工匠借鉴版画中的山水题材绘制在瓷胎上，山水纹成为明清时期最具影响力的瓷器装饰，不仅明清时期文人情怀得到抒发，而且影响了欧洲国家的造园手法。

图 1、图 2 是两件康熙时期的青花风景人物瓷盘，纹饰简单写意，延续了明代克拉克瓷器的装饰风格。图 1 和图 2 瓷盘的边沿绘制着 3 组不同的开光，并且相互对称，代表着西方人眼中的中国人物形象——满大人被绘制在了开光中，图 1 和图 2 盘沿的开光中都分别绘制了独具特色的柳树形象，可能从这时起柳树在瓷盘中柔美的造型就成功地吸引了西方人的注意。这一时期的青花山水楼阁纹装饰风格更加复杂，纹饰也布满盘心，体量较小的楼阁出现在盘心的纹饰上，布局松散有致，辅以植物点缀。

乾隆时期的外销瓷山水亭台楼阁纹初具雏形，在基于自己的纹饰风格的同时也融入了一些欧洲制瓷工厂的装饰图案，纹饰布局丰满，填充整个盘心，期间也多烧制外国定制纹样的瓷器。乾隆早期的青花山水亭台楼阁纹外销瓷纹饰构图错落有致，简洁大方，纹饰以亭台楼阁为主体，构图有较大留白，纹饰的装饰线条简洁自然，具有中国山水画的特点。中国园林博物馆所收藏的青花四方委角山水楼阁纹大碗（图 3）纹饰具有乾隆早期青花山水纹的显著特征，乾隆中后期的亭台山水楼阁纹受国外影响较大，纹饰上园林元素逐渐增多并填充整个盘心，纹饰布局紧凑，留白较少。这主要原因是迎合西方市场的需求。中国园林博物馆所收藏的青花山水楼阁纹葵口盘（图 4）和青花山水楼阁纹八角长盘（图 5）纹饰具有乾隆中后期青花山水纹的显著特征。

图 1　清康熙时期青花风景人物瓷盘

图 2　清康熙时期青花风景人物瓷盘

图 3　清乾隆早期青花四方委角山水楼阁纹大碗

图 4　清乾隆中晚期青花山水楼阁纹葵口盘

图 5　清乾隆中晚期青花山水楼阁纹八角长盘

3 欧洲的仿制与创新——柳树图案

青花山水亭台楼阁纹是中国瓷器上独特的装饰题材，它起源于中国的山水画，制瓷工匠逐渐把它运用在瓷器纹饰的创作上。随着贸易逐渐扩大，这种瓷器的纹饰被大量销往欧洲各国，销往地青花山水亭台楼阁纹饰有着广阔的市场。由于海外贸易成本较高，清代晚期实行了闭关锁国的政策，影响海外贸易的正常运行，无法填补欧洲市场上较高的需求量，因此欧洲各国开始仿制中国瓷器，柳树图案就是在西方的仿制与创新的过程中于18世纪末期被成功地制作出来，英国各大瓷厂争相模仿也设计出了不同风格的纹饰图案，各个瓷厂互相借鉴吸收，柳树图案的装饰风格出现了许多不同的版本，呈现出一片繁荣景象。

3.1 柳树图案的出现

柳树图案的出现并不是偶然现象，一方面是中国园林的西方影响在英国取得了广泛的积累，英国对中国园林风格的瓷器制品需求量大。另一方面是英国制瓷技术的不断改进和提升，才使得柳树图案瓷器在国外市场中大量出现。

17 ~ 18世纪，在遥远的欧洲大陆刮起了一阵仿造中国古典园林的风俗，他们在花园中仿造中式园林，打造一种中西合璧的园林景观，这种迷恋中国园林风格的现象在英国处处都可体现，英国各郡也建造了众多具有中国风情的花园。这次中国园林风对欧洲的各个方面都产生了深远的影响，在瓷器的制作上影响也尤为重大。“柳树图案”（willow pattern）就是18世纪晚期诞生于英国的新型瓷器纹饰。人们从诞生之初对它的热爱程度就不曾减少，并且风靡整个欧洲。柳树图案是集合了中国古典园林中小桥、流水、扁舟、鸿雁、亭台楼阁为一体的瓷器纹饰，它把欧洲国家对中国园林元素的喜爱充分地融入瓷器的装饰中。

西方各国对瓷器的痴迷，推动了制瓷工厂的瓷工们试验烧制瓷器，由于西方国家没有适合的材料来制作瓷器，通过各种尝试终于找到了符合瓷器制作的材料。1709年终于在欧洲大陆成功烧造出了硬质的白釉瓷器。英国也在1748年成功地烧制出了硬质瓷器，英国著名的瓷都斯塔福德郡（Staffordshire），是欧洲制瓷业开始的地方，他的热闹程度可以与中国的景德镇相媲美，斯塔福德郡见证了青花瓷器的诞生和发展壮大的过程。18世纪斯塔福德郡的制瓷工人威奇伍德经过自己的钻研成功制作出了可以绘制瓷器纹饰的一种蓝色颜料。瓷器的装饰技法——转印花技术也是在此被创造出来，转印花技术的产生使得瓷器上的纹饰变得丰富多彩，并能够快速地在瓷器上绘制，图案中规中矩，线条规整，而且每个转印花的模具能够生产出大量相同纹饰的瓷器制品，引领制瓷技术步入工业化。

3.2 柳树图案的不同表现形式

18世纪末欧洲各国出现制作青花瓷的热潮，涌现出众多著名的制瓷工厂，例如斯波德（Spode）、维利伍德（Wedgwood）、利兹（Leeds）、考格利（Caughley）、明顿（Minton）等，都是当时著名的制瓷厂商，他们认真钻研瓷器生产技术，制作出了成熟的骨瓷。1790年斯波德瓷厂结合中国的山水亭台楼阁纹成功地设计出了一种全新的纹饰图案，这种纹饰图案通常被称作柳树图案。这种以中国风格的亭台楼阁、杨柳、小桥、扁舟、鸿雁、孤岛等园林元素组合而成的新的纹饰图案广泛受到喜爱，被广大瓷厂争相模仿。

虽然英国制瓷工厂在细节上的设计和布局虽有不同，但是纹饰的表现形式与当时风靡欧洲的满大人故事大体上相同。柳树图案纹饰讲述了一位中国官员李住在一座带有宝顶的华丽中式楼阁中，楼阁的周围种着一棵苹果树。这位官员有位漂亮的女儿孔喜，她要遵从父亲的安排嫁给一位与其年龄不相仿的商人，然而孔喜与他父亲的秘书张互相爱慕，父亲为了阻挠这段感情，把张无情地解雇。为了爱情，他们逃离了华丽的楼阁，穿过跨在河面上的石孔桥，逃到了远处的建筑中避难，相传湖面上的船是孔喜的父亲搜查她们藏身之处所使用的交通工具，最后很不幸孔喜的父亲找到了她们的住所，孔喜和张一起跳河自尽，她们就化作了一对在天边自由飞翔的鸿雁。标准的柳树图案总体的装饰构图基本来源于这个故事，各个瓷厂的柳树图案虽然会有细微的差别，但是图案中的元素是不会改变的。

中国园林博物馆收藏了一件18世纪晚期的青花山水纹碗（图6），其上绘制的纹饰就是柳树图案，器形属于四方委角碗，这件藏品内外都绘有标准的柳树纹样图案，碗口边沿用菲次修（Fitzhugh）边饰装饰。由于英国东印度公司代表菲次修与中国瓷厂有着频繁的贸易往来，经常订做这种纹饰的瓷器，因此，西方学者称这种瓷器的边饰为菲次修边饰，这种纹饰于18世纪八九十年代开始盛行，并延续至19世纪。边饰由两层组成，外层的圆点和网格纹与内层的花卉纹和回形纹连续组合而成，形成对称的组合，并点缀4朵、6朵或8朵中国传统花卉，如牡丹、芍药，还绘有蝴蝶、蜜蜂等动物。这种以几何图案、花卉和具有中国绘画风格的卷轴线条

图6 18世纪晚期青花山水纹碗

图 7 19 世纪早期青花山水楼阁纹盘

图 8 19 世纪早期阳伞柳树纹样

组合而成的纹饰于 18 世纪末期在瓷器上被大量制作。中国园林博物馆收藏的这件青花山水纹碗内外纹饰基本相同，纹饰中首先映入眼帘的近水楼阁似乎有南方建筑中楼阁的显著特征，楼阁的建筑形制为重檐歇山顶，建筑屋顶的飞檐翘脚独具南方特色，主体建筑周围广植树木，画面中央是一棵似在风中摇曳的柳树被种在岸旁，在中国古典园林中柳树常常被用来装饰园林景观，在园林构景中起到了重要作用。一座石孔桥横跨在水面上连接着左侧的建筑，石孔桥上的三位人物代表满大人。满大人的故事传说被当时的欧洲人奉为佳话，家喻户晓。柳树图案也是根据满大人的故事传说设计出来的。

图 7 是于 19 世纪早期产自英国的青花山水楼阁纹盘，是“柳树图案”的另一种表现形式，盘心中主体建筑楼阁被绘制在了左侧，周围广植树木，造型自然，层次丰富，石孔桥和围栏连接起左右的景观，远山近景，这种布局打造出建筑与山水相融合的人间仙境。瓷盘中心的楼阁采用的是明暗画法，能够体现出建筑的立体感，瓷盘边沿的纹饰对称分布，由蝴蝶、回形纹、花卉等组成，这种边沿纹饰在英国瓷厂制作的瓷器上应用广泛。

英国制瓷工厂数量众多，虽然每个瓷厂的纹饰设计风格大不相同，但都围绕着柳树图案的故事进行构图。图 8 所展示的是中国园林博物馆收藏的这件青花葵口盘，在英国被称为阳伞柳树纹样（the parasol willow pattern），英国的瓷都斯塔福德郡伯斯勒姆（Burslem）的瓷器制作工厂设计并制作了这款瓷器。盘心纹饰绘有随风摇曳的柳树，盘心中的欧式建筑屋顶具有中国建筑特色，从中我们可以看出当时英国对中国园林景观有着很高的热爱程度，对中式园林的景物有着无尽的想象。画面中心一艘飘着三角旗的小船行驶在水面上，一位女士手中拿着一把撑开的阳伞和一个孩子走在高大华丽的建筑前，远处的鸿雁、扁舟、建筑等景观把我们的视线拉远。盘沿依然沿用几何图案、花卉和具有中国绘画风格的卷轴线条的菲次修边饰装饰。此瓷盘的纹饰装饰与柳树图案的构图风格相似，虽然石孔桥没有在纹饰中出现，但是植物、鸿雁、扁舟、建筑、人物等装饰元素都被运用，似乎英国的制瓷工匠深谙中国园林的构景手法。

4 总结

青花山水亭台楼阁纹远销欧洲的过程不仅体现的是贸易之间的往来，还是文化之间的相互影响、借鉴和吸收的过程。山水亭台楼阁纹为欧洲国家展现了中国园林的文化精髓，并在欧洲掀起了模仿中式园林的风潮。欧洲人对中国传统园林的无尽想象，通过外销瓷上的柳树图案纹饰向大家展示了出来。中国园林博物馆收藏的外销瓷是中西方文化交融的实物见证，也是研究中国园林文化对西方影响的有力说明。园博馆馆藏的外销瓷反映了中国自然式风景园林观念通过瓷器输出对欧洲产生的深刻影响，中国外销瓷作为中国文化输出的重要载体，在西方长达近三百年的传播过程中由使用、仿制，到融入欧洲人中世纪以来上千年的观念。中国瓷器及园林的输出是人类历史上最为重要的文化变革事件之一，是中华文明对世界所作出的杰出贡献。

参考文献

［1］冯先銘．中国陶瓷［M］．上海：上海古籍出版社，2001.
［2］马晓暐，余春明．华国熏风西海岸——从外销瓷看中国园林的欧洲影响［M］．北京：中国建筑工业出版社，2013.
［3］刘光甫．明代景德镇青花山水纹饰艺术特征的演变规律研究［D］．景德镇陶瓷学院，2010.
［4］邱新倩．清代景德镇“柳树图案”外销青花瓷研究［D］.2011（S1）.
［5］秦刚．欧洲青花“柳树纹样”与中国外销瓷［J］．文艺研究，2011（4）.
［6］李裕镇.19 世纪英国视觉图像中的中国因素［D］．中国美术学院，2014.
［7］甘雪莉．中国外销瓷［M］．北京：东方出版社，2008.

A Brief Analysis of Chinese Blue and White Landscape Pavilion Porcelain and British Willow Pattern

Wang He　Zhao Dan-ping

Abstract: This paper introduces the blue and white landscape pattern of Chinese porcelain in the Museum of Chinese Gardens and Landscape Architecture, which leads to the export process during the Ming and Qing Dynasties and its influence on British ceramics. This British design success in the process of imitation porcelain blue and white landscape pattern in pavilions, terraces and open halls which has Chinese garden elements of the willow pattern and were popular in European countries.
Key words: landscape pattern; willow pattern; export porcelain

作者简介

王贺 /1993 年生 / 女 / 北京人 / 学士 / 毕业于北京联合大学 / 就职于中国园林博物馆北京筹备办公室 / 研究方向为历史学
赵丹苹 /1977 年生 / 女 / 北京人 / 副研究馆员 / 硕士 / 毕业于北京服装学院 / 中国园林博物馆北京筹备办公室 / 研究方向为文物保管、园林文化

香山昭庙琉璃狮子初考

高云昆 李博 马龙

摘 要： 香山昭庙始建于清乾隆四十五年（1780年），于1860年被英法联军焚毁，2006年开始清理昭庙遗址，在现场挖掘中出土了大量精美的琉璃构件，其中有琉璃狮子残片。2010年经拼接修复，显现全貌，但尚不清楚其所在位置。本文通过琉璃材质、工艺规格、造型色彩、位置初判及寓意等方面探讨汉藏结合建筑装饰艺术，论述香山昭庙琉璃狮子构件是装饰艺术的融合发展。

关键词： 香山；昭庙；琉璃狮子

1 历史溯源

1.1 兴建缘由

香山宗镜大昭之庙，又称“昭庙”，藏文音译为“觉悟拉康”，“觉悟”汉文意思为“尊者”，“拉康”为神殿之意，昭庙始建于乾隆四十五年（1780 年）七月。昭庙兴建在香山静宜园别垣，是为了迎接班禅六世来京向乾隆皇帝祝贺七十大寿，故称之为班禅行宫。

1.2 建筑形式

昭庙建筑形式采用平顶碉房汉藏结合式风格，仿照拉萨大昭寺所建[1]，为清中期继承明朝汉藏结合式建筑特点而延续发展的新风格，主体建筑有白台、红台及五智殿，尤其是核心的红台部分，采取回字形裙楼围合空间布局的庭院，中间建三重方形高阁以象征“都纲法式”中空拔起，从平面造型看，红台四面规整对称，是佛教密宗曼荼罗图示的程序化，仿佛是一座立体坛城，彰显密宗威严神圣。

1.3 神殿焚毁

在清咸丰十年（1860 年）九月初五日、初六日，香山昭庙惨遭英法联军掠夺焚毁，仅存琉璃牌坊，4 个幡杆石座，白台、红台基础，御碑 1 座（碑亭已毁，基础尚存），七层琉璃塔 1 座。佛国天界的宗镜大昭之庙，乾隆与六世班禅会晤的神圣场所，民族团结的历史见证被毁于一旦。

2 清理修复

2.1 残片出土

2008 年香山公园进行昭庙周边环境清理工程，对昭庙周边散落的琉璃构件进行清理、挖掘，清理面积约 4000m²，清出各种琉璃残损构件约万余件。琉璃狮子残损构件于昭庙南墙外发掘出土，先后共挖掘出琉璃狮子残损构件约 300 余件（图 1）。

2.2 初步整理

因昭庙琉璃狮子为手工烧制，每个狮子的尺寸、大小及细节均有不同，初步判断清理出琉璃狮头 16 个，狮子形态为侧卧式，并且相对而卧。对昭庙挖掘出的琉璃狮子残片进行归类后，发现狮子均为带彩球的公狮子，肤色为黄琉璃色，发髻为绿琉璃色、眼为墨琉璃色，齿为白琉璃色，将琉璃狮子残损构件进行了分类、整理和保存。

2.3 修复初判

2010 年 9 月，香山公园为更好地找寻历史依据，为复建项目进行准备，聘请有多年修复经验的文物局专业修复师进行琉璃狮子修复。昭庙琉璃狮子残损构件共约 300 块，能够

图 1　昭庙出土琉璃狮子构件摆放照片

相接的残片不足 20 块。挖掘出的狮子残片不足原琉璃狮子的 1/5，而且大部分残片均属于不同的狮子，修复难度极大。在修复之初，首先还原狮子原貌，经相关查询，初步断定狮子主要由头、胸、前肢、后退、背 5 个部分组成。且后部有沟槽和孔眼，为墙体固定所用（图 2）。

因现存构件不足以完整拼凑出一个琉璃狮子，经过反复讨论和探讨，决定利用现有构件，尽可能还原狮子原貌，如有缺损部件无法替代的，则根据历史描述、老照片及藏式相似构件等资料用石膏雕塑进行替代。历时四个多月，初步修复琉璃狮子。狮子怒目圆睁，狮嘴微张，胸口饱满、退步雄健，形态庄重、威武（图 3）。

图 2　昭庙琉璃狮子老照片

图 3　昭庙琉璃狮子复原拼接照片

3 研究初考

3.1 琉璃材质

战国时期《尚书》中，琉璃器被称为“缪琳”，缪琳原指美玉，而古人把类似土的琉璃一并称之。西汉以后，称之为“流璃”，或“琉璃”；东汉的《汉书·西域传》中，称为“壁琉璃”。正式称其为“琉璃”是南北朝时期，唐宋以后出现的频率更高。琉璃通用解释是指用各种颜色的人造水晶（含 24% 的二氧化铅）为原料，采用古代青铜脱蜡铸造法高温脱蜡而成的水晶作品。其色彩流云漓彩、美轮美奂；其品质晶莹剔透、光彩夺目。这个过程需经过数十道手工精心操作方能完成，稍有疏忽即会造成失败或瑕疵。[2]

材料成分主要由基本原料、助熔剂和着色剂三部分构成。其中基本原料是二氧化硅（SiO_2），但由于熔点太高（1700℃）而不能单独用来生产琉璃，因此需要加入助熔剂。最常见助熔剂是苏打、石灰和碳酸钾 - 碱性土等，含氧化钠、氧化钾、氧化铅等。助熔剂除了可以起到降低熔点的作用，还可以加快熔解过程，强化其可塑性使之有效定型，并且在澄清、加强其化学的稳定性和机械强度方面起到重要作用。再加上不同比例的着色剂、脱色剂、澄清剂等混合物使琉璃变成了不同质感、不同色泽的物质。[2]

经过历朝的不断发展，至清代康熙二十五年（1696 年），设置了皇家琉璃厂，专门为皇室生产各种高档琉璃器。为此还雇佣多位欧洲琉璃工匠对琉璃制作进行指导，掀起了清琉璃生产的高潮。乾隆时期琉璃制品的风格日趋精致华美，并形成了以北京、广州、博山为三大中心的“清官造办处琉璃作”。清代的琉璃工艺从制胎、配釉到烧制的各主要环节被严格地固定下来，使用范围受到严格的控制。清代的琉璃制作在工艺上确实受到西方琉璃制造业的影响，并且在一定程度上体现中国琉璃工匠们的创造力和智慧。

香山昭庙的遗址勘查中出土了大量的琉璃制品。其中琉璃狮子是在遗址清理中在昭庙南侧山沟中挖掘出来的。同期出土的还有建筑屋面、琉璃门窗等构件。与现存的外表全部使用琉璃构件的仿木构件组成琉璃牌楼及残存琉璃塔等建筑存在关联。

3.2 工艺规格

琉璃狮子从修复模样来看，整体分为五部分，由狮头、狮身前部、狮尾、左前腿和左后退组成，琉璃狮子通高 65cm，长度为 105cm，整体宽度为 50cm 左右，壁厚 12 ~ 15cm 不等。从相关其他琉璃狮子构件中发现，狮身 5 个单体采取外实中空的制造方法，且狮身前部与尾部，左前腿与左后腿内侧有孔洞；狮身前部与左前腿、狮身尾部与左后腿上下链接有卡槽。

单体琉璃狮子构件的成立，鉴于琉璃构件制作工艺，制作一件琉璃制品要经过选料、配料、制作模具，多次反复倒模，再烧制、修整，这个过程需要经过四十几道工序才能完成，其外实中空的考虑符合烧制时膨胀系数的不同和散热要求，即使采用这样的构造，冷却时构件部分因产生撕拉很容易碎裂，出炉成功率不高，操作稍有不慎就会前功尽弃，弥足珍贵。在西方技师的参与指导和中国琉璃工匠的精心制作下，才成就了如此精美的琉璃狮子。

图 4　具有标识的琉璃狮子照片

琉璃狮子的全重约 150kg，分为 5 个部分，大体上每个单体 30kg 左右，这样的重量基于琉璃制作工艺在当时的技术上可谓是制作工艺上的创举了。在清理琉璃狮子构件中发现有凹刻大写“一号”字样（图 4），可推断分体的单体琉璃狮子构建为后续的包装运输、现场搬运、施工完成提供了无比的便捷性和操作性。初步推断琉璃狮子不是单体的建筑雕塑，可能是建筑装饰的构建组成部分。

3.3 琉璃狮子造型

昭庙的琉璃石狮子体态圆实饱满，狮头写实夸张，比例占整个体积的 1/3，整体造型呈大幅度“ S”形弯曲的体躯，前后腿呈“ S”形屈曲式，侧头蹲踞状。头上有凸起螺发，前额有梅花状凹点六组，贴头大耳，怒目圆睁，狮嘴微张，舌抵上腭。舌抵上腭在中华气功学中认为督脉循背，总督周身阳脉，任脉沿腹，总任一身阴脉，两脉各断于上腭和舌根。舌抵上腭可沟通任督二脉，是沟通任督二脉的鹊桥节点。狮身胸口饱满，有缠枝花纹项圈，中置响铃、侧有环状飘穗，背部分鬃，狮尾呈火焰上升状，狮爪张力十足，下踩绣球，飘带置于身下，左后腿上有纹饰。整体造型装饰古朴绮丽繁复，华美大方、神态生动活泼，气势上矫健威严。

狮子雕塑自汉代出现，经过南北朝时期的发展、融合，至唐代其造型已基本完成了由接受到改造的过程，中国内地的狮子程式化造型已基本完成。[3] 而清中期香山昭庙的琉璃造型狮子，在考古挖掘中发现，全部是脚踩绣球的公狮子，有别于公母对狮。此狮子造型与西藏大昭寺主殿顶层檐下的四角狮形镇兽和桑耶寺主殿二层前檐下挑拱狮子承托的造型有异曲同工之似，且金身绿鬃的色彩和比例有相似之处（图 5）。

可以推断乾隆在修建香山昭庙时，从昭庙的选址、建筑风格及局部造型都缜密构思，借鉴中有融合，融合中有创新，其形象已不再是简单的瑞兽的代名词，而上升成为一种汉藏民族文化融合的符号，同时凝聚着历代中国人的现实意愿、经营想象和审美创造力。

3.4 琉璃色彩

清代可谓是中国传统琉璃艺术发展的巅峰时期，生产的琉璃器无论从数量、质量还是工艺方面都到达了一个黄金时代。清乾隆时期，琉璃艺术吸收西方元素，留下了很多传世佳作，有黄、绿、紫红、紫、赫、酱、棕、绿、黑、蓝、大青、白、孔雀绿（翠绿）诸色。清代琉璃色彩的绚丽程度达到了历史上的顶峰，还出现过天青、桃红、脂胭红、宝石蓝、秋黄、梅红、牙白、鹅黄、水晶等色。

琉璃狮子的色彩为四种，周身主体肤色为黄色，发髻为绿色，眼为墨色，齿为牙白色。以黄色为主基调，所占比例为 70% 左右，毛发为辅助色调，所占比例为 25%，其主色调的黄、绿色为可见光谱的彩色系中的基本色。由于矿物质的配比差别，狮身主体的黄色与鬃铃和后腿弯曲上部有色相变化，狮身上的黄绿色彩搭配属于中度色相对比范围，呈现出的整体视觉效果明快、活泼、饱满，对比有力，给人以和谐融洽的超脱之感。

依据装饰美学的原则，一切视觉形象，如物体的形状、空间、位置的界限和区别都是通过色彩区别和明暗关系得到反映的，而视觉的第一印象往往是对色彩的感觉。正如马克思所说“色彩的感觉是一般美感中最大众化的形式”。

3.5 位置初判

中国的狮子摆放位置除了在门前立狮子像外，重要建筑还在屋顶上塑制狮子形象，同样表示驱恶纳祥的意义。在屋顶除鸱尾外，还有象征吉祥的瑞禽异兽骑坐在屋顶的垂脊和戗脊上，这些瑞禽异兽至迟于唐代已见使用。但造型名称数目历代各有不同，清代按官式做法主要有龙、凤、狮、麒麟、天马、海马、獬、豸、猴等，甚至于房屋梁架上，屋檐

图 5 西藏大昭寺主殿顶层檐下的四角狮形镇兽

下的斜撑、牛腿，梁枋上的小立柱两旁都可以发现狮子的行迹。[4] 此外在有些墓葬的神道上及墓穴中也常见狮子的造型。

昭庙的狮子由其外围环境的相关性，在香山静宜园的东宫门外有一对青铜狮子，在香山碧云寺的门口有明代的石狮子以及魏忠贤生圹中出土的朝天吼等，所以说在昭庙出现狮子造型不足为怪。同时作为三山五园的静宜园其独特的地理位置，出于别垣的昭庙选址营建独具匠心，琉璃狮子的位置更应是地位显著，且出土琉璃狮子残片初步考证有相向对视设置的，从此可以推断是两个琉璃狮子为一组在同一建筑立面中。

历代封建帝王对于建筑的规制和具体尺寸都有严格的等级要求和划分，延续到清代建筑同样遵循。参见藏地佛院建筑的装饰艺术，狮子的造型原则上装饰寺庙的主殿或尊贵的位置。狮子的位置既与内地建筑摆放相关，又与藏地的相关寺庙存在一定关联度。昭庙里等级最高的大殿就是红台内的都罡殿，殿内主供旃檀佛，是否琉璃狮子与都罡殿有所关联呢？是在建筑外立面上，还是在殿内，笔者认为在殿外的可能性大些。

狮子摆设的缘由，一是因为狮子从西域传入中国，所以西北方是它最活跃的地方，占了地利；二是因为狮子属乾卦，居西北方，五行属金，故此狮子摆放在西北方，最能发挥它的功效。同时西方也适合摆放狮子。乾隆的乾字与狮子的乾卦有暗合之意，笔者认为，这不仅是出于政治上的意义，更是其超出情趣爱好的巧妙构思。

3.6 狮子宗教寓意分析

在中国文化史上有一个颇有意思的现象，中国不是狮子的主要分布地区，但关于狮子的文化艺术却源远流长、丰富多彩。狮子的原产地主要在非洲和亚洲，而亚洲又主要集中在中亚和南亚次大陆。《汉书·西域传》云："乌弋地暑热莽平……而有桃符、狮子、犀牛。"荀悦《汉纪·武帝纪》亦曰："乌弋国去长安万五千里，出狮子、犀牛。"古代南亚次大陆对狮子也是情有独钟。

今斯里兰卡国在中国晋代被称为狮子国，其名见于晋法显《佛国记》，为梵文、巴利文的意译。在佛教产生之前，印度把狮子称作"百兽之王"，并把人中的帝王比作威武迅猛的雄狮。如释迦牟尼的祖父就是"狮子颊王"，这是梵文simhanhanum 的意译，见于《大智度论》卷三、《五分律》卷十五等诸多佛教经典的记载。

这种崇拜狮子的文化自然对佛教产生影响。佛教创立后，对狮子形象更是推崇备至，这对狮子形象的传播起到推波助澜的作用。据佛教经典，始祖释迦牟尼有多种称号，如"人中狮子"、"人中人狮子"、"人雄狮子"、"大狮子王"等，都是把释迦牟尼佛祖比作狮子。另外还把与佛有关的东西也冠以"狮"名。如佛教经典中称佛的座席为"狮子座"，又称作"狮子床"、"猊座"等。后来佛教在中国传播后，把佛像菩萨的台座、高僧说法时的座席都泛称为"猊座"，甚至在后来连给僧人写信也尊称"猊座"。[4] 从狮子的寓意和宗教的文化关联性分析，乾隆与六世班禅登上狮子宝座的称法当属此类，是初步判断琉璃狮子不在殿内的论据之一。

4 小结

4.1 琉璃狮子属于建筑装饰艺术范畴

遵循实用美术的一般发展规律看，香山昭庙的琉璃狮子应当归属非结构功能性的建筑装饰艺术构件范畴。昭庙的琉璃狮子材质独特、规格尺寸实用、制造工艺烦琐、形态圆实饱满、色彩明快活泼，与昭庙的大量琉璃构件的应用有着统一性的特点，代表清中期的建筑装饰的工程技术与艺术的完美结合。

4.2 汉藏融合与东西方文明的体现

从修复的琉璃狮子看，其造型色彩特点融合了汉藏建筑装饰艺术的风格，是昭庙建筑汉藏结合特点的具体体现。从组成狮子的 5 部分单体琉璃构件的综合因素看，是中国琉璃制作的创新之作。同时是东方琉璃制造工艺与西方琉璃技艺完美结合的展现，其造型体量是琉璃单体制造的中国琉璃工艺的巅峰之作。

4.3 政治、宗教和文化特性的写照

中国建筑装饰艺术规律中对于任何形态的构件，其来源都不是为美而美的，是从实质出发。昭庙的琉璃狮子其实质上存在政治特性、宗教特性和文化特性。政治上的民族团结，势必反映到建筑，乃至于其建筑装饰艺术上。宗教上的狮子造型是藏传佛教传播中原的象形写照。文化特性是汉藏文明精神文化发展融合的体现。所以说一个时代的文化氛围，是香山昭庙琉璃狮子现实存在的土壤。正如印度诗人哲学家泰戈尔曾经说过"世界上还有什么事情比中国文化的美丽精神更值得宝贵。"

感谢牛宏雷、贾政和熊伟为撰稿提供的支持与帮助。

参考文献

[1] 杨菁．静宜园、静明园及相关样式雷图档综合研究 [D]．天津大学，2011.
[2] 孔文娜．论传统琉璃艺术衰微之原因 [D]．杨州大学，2011.
[3] 贾璞．狮子造型艺术与佛教的传播 [N]．中国文物报，2012-09-12 (005).
[4] 刘自兵．佛教东传与中国的狮子文化 [J]．东南文化，2008，(3).

Preliminary Investigation of Coloured Glaze Lion of the Zhao Temple in the Fragrant Hill Park

Gao Yun-kun　Li Bo　Ma Long

Abstract: Zhao Temple was built in 1780, Qing Emperor Qianlong forty-five years, and was burned by the British and French allied forces in 1860. Clearing the site of Zhao Temple was begun in 2006, and excavation unearthed a large number of exquisite glazed components, including glazed lions fragments. Repair work in 2010 showed the whole picture, but its location was not clear. In this paper, the construction art of Sino Tibetan combined building is discussed by means of glaze material, process specification, shape, color, location, initial judgment, implication and so on.
Key words: Fragrant Hill Park; Zhao Temple; coloured glaze lion

作者简介

高云昆 /1973 年生 / 北京人 / 硕士 / 毕业于北京林业大学 / 就职于北京市香山公园管理处研究室 / 研究方向为文化遗产
李博 /1983 年生 / 男 / 北京人 / 学士 / 毕业于中国农业大学 / 就职于北京市香山公园管理处研究室 / 研究方向为园林历史文化
马龙 /1988 年生 / 男 / 北京人 / 学士 / 毕业于海南大学 / 就职于北京市香山公园管理处研究室 / 研究方向为文物保护

精心策划　亮点纷呈
——中国园林博物馆临时展览浅析

金沐曦

摘　要：中国园林博物馆是国内第一座以园林为主题的国家级博物馆。自2013年5月18日建馆以来，举办临时展览70余项。历次展览紧扣园林主题，展览方案不断精益求精，从多种角度创新展陈手段，通过各渠道和形式的展览推介及后续完善周到的服务，为观众奉献了亮点纷呈的园林文化精品展览，极大推进了中国园林文化的传播、展示和交流。

关键词：博物馆；园林；临时展览

中国园林博物馆是一座以收藏研究、展览展示、宣传教育园林历史文物和园林文化艺术为主体的专题性博物馆。就展览而言，本馆的展览由基本陈列和临时性展览两部分组成，两者之间的关系十分紧密，基本陈列是本馆展览的根基和核心，而临时展览是对基本陈列的补充和深化，并不断进行拓展和延伸。中国园林博物馆共有4个临时展厅，总展览面积约2600m^2。常年交替展出园林题材的临时展览，它们以丰富的内容和形式，全面地展现了中国园林3000年悠久的历史和深厚的文化，增进了馆际交流和中外文化的交流，扩大了中国园林文化在社会各方面的影响，丰富了市民文化生活，提升了区域文化品位和核心竞争力。

中国园林博物馆自2013年5月18日建馆以来，成功举办临时展览70余场次，共接待海内外观众230余万人次（截至2017年5月）。

经过在中国园林博物馆展陈开放部几年来的历练，笔者对临展工作从陌生到了解，并积累了一些工作经验和办展体会，浅要分析如下。

1　临时展览的方式

临时展览以邀展和巡展两条主线平衡发展，通过“引进来”、“走出去”的过程，增进了交流，扩大了影响。

1.1　邀展

在邀展方面，“从文艺复兴到黄金时代——威尼斯之辉文物展”是中国园林博物馆首次引进的国外高水平、大批量精品展览。这也是该批文物首次在中国展出。在本次展览中，展出了百件意大利文物珍品，比如19世纪制造、象征“威尼斯共和国”圣马可地带着剑的金狮（图1），比如1884年制作的威尼斯主要交通工具贡多拉的木料模型等就吸引了

图1　象征“威尼斯共和国”的金狮

图 2　参展的青花花卉纹盘

图 3　美国景观之路——奥姆斯特德设计理念展

大批中外观众，是中西园林文化的一次深入交流，成果颇丰，好评如潮。

1.2　巡展

在巡展方面，将馆藏瓷器文物形成系列，举办了“瓷上园林——从外销瓷看中国园林的欧洲影响”外展（长春站），展览精选了中国园林博物馆馆藏明清外销瓷珍品 120 余件（图 2），系统全面地展示了中国明清外销瓷的输出及 17 世纪中叶至 19 世纪欧洲仿制的瓷器。本次巡展历时 3 个半月，被长春市伪满皇宫博物院院方称为“近几年临时展览中最好的展览”。这次展览的举办，拉开了中国园林博物馆馆藏文物赴外地博物馆巡展的序幕。此后，馆藏外销瓷陆续在贵州省博物馆、普洱市博物馆、成都杜甫草堂、上海豫园等地巡回展出。

2　临时展览的组织

临时展览要求方案精益求精，紧扣园林主题，以动态拓展和延伸基本陈列为宗旨，开展各项临展的策划工作。通过撰写《中国园林博物馆临时性展览管理办法》，对展陈的立项和策划等工作进行了明确的描述和要求。举办什么样的临展，什么时候举办，需顺乎“天时、地利、人和”。为达到这一点，在每次举办展览之前，开展好策划工作十分必要。

展陈策划具有前瞻性、科学性、可操作性的特点，每次临展方案力求做到精益求精，必须提前制定临展方案，包括展览的主题、内容、创意、亮点、展出时间、场地等。“美国景观之路——奥姆斯特德设计理念展”（图 3）与“中央国家机关庆祝新中国成立 65 周年书画展”在前期策划上下了很大功夫，尤其是美国景观之路展，从展品入关到展览最终开幕，策划方案贯穿始终，按照时间节点层层递进，为展览的成功举办奠定了坚实的基础。同时，策划先行的做法也为后期的展览制作、新闻宣传预留了充足的准备时间。

3　临时展览的内容

中国园林博物馆承担着向公众传播中国传统园林文化的重任，临时展览要求多层面多角度，引人入胜。建馆四年来，举办了众多以园林为主题的展览，从多个角度和层面集中展示了中国园林灿烂的文化和悠久的历史。展览内容丰富多彩、引人入胜且通俗易懂，受众人群广泛，达到了向公众传授园林文化和历史知识的初衷。

“哲思神工——皇家园林家具展”展出了颐和园所藏精选家具 60 余件，让观众领略京作、苏作、广作不同的地域性风格的皇家园林家具；“魅力中国——江山如画”系列展览展出了乐山、峨眉山、黄山、庐山等风景名胜区的风土人情，通过实物与图片结合的方式，挖掘、展示、弘扬了中国园林丰富的资源和内涵；“中国盆景文化精品展”（图 4）征集了现代中国盆景名家作品 50 余件，展示包括有榆树、刺柏、墨松、真柏、黄荆等树种的精品盆景，向公众展示了中国传统盆景艺术之美，进一步弘扬了中国传统园林文化。

图 4　中国盆景文化精品展

4　临时展览的形式

形式设计是展现内容的重要表现手段，要求展陈手段推陈出新。园博馆在办展过程中，在展陈设计上不断推陈出新，在布展的细节上下功夫，所推出的展览给观众带来了耳目一新的感觉。“谨严大度　文质合一——江南园林陈设精品展”（图 5），在展厅中央将江南名园上海豫园玉华堂 1 ∶ 1 场景再现，以江南园林厅堂的设计风格，完美展现了中国古典园林的艺术成就和独特的艺术风格。可进入式的设计，使观众步入展厅，犹如置身于江南园林一般；“瓷上园林——欧洲人眼中的东方风景”则将外销瓷器与中国园林有机地结合起来，透过实物让观众了解了中国园林的自然观，通过瓷器这种媒介西传的历史过程，感受中国传统园林文化的魅力和深刻的影响力。“美国景观之路——奥姆斯特德设计理念展”采用多种展陈形式，通过 100 余张老照片、200 余份原版图纸、50 余册历史书籍进行展示，并以奥姆斯特德当年的工作室为展示场景（图 6），美国翡翠项链公园沙盘、多部视频影像等展陈方式，立体展现了奥姆斯特德本人的生平及他对美国景观发展的突出影响。

5　临时展览的宣传

制作精良的临展需要持续的宣传力度，形式多样，及时推介出去。园博馆在办展过程中非常重视展览的推介宣传，逐渐形成了一套形式多样的宣传和推介的方式。举办首届“中国风景园林优秀规划设计获奖作品展”和首届“中国园林摄影”展时，通过中国园林博物馆自媒体宣传平台的微博微信、中国博物馆协会、中国博物馆展览交流平台等线上展示方式，展示优秀园林设计作品和摄影作品，让公众参与其中，进一步弘扬园林文化，激发更多普通观众对于园林艺术的兴趣和了解。同时，设计和印制展览图录书籍、宣传折页等宣传品，形成展览专属二维码在展厅内展示，观众只需用手机扫码，即可获得展览延伸资讯，深入了解展览背后的故事。

将重点的临时展览制作成三维数字 VR 频道，实现长期的线上阅览，即使观众错过展期，也能随时线上参观。在不久的将来，线上的三维数字化频道中的各类数据，将成为园林数字博物馆和资料库，为园博馆的资料留存提供了帮助。同时，通过召开媒体发布会、开幕式现场微博直播，运用广播、电视、报刊、网站等媒体宣传展览的内容和特色（图 7）。

图 5　上海豫园玉华堂 1 ∶ 1 场景

图 6　奥姆斯特德当年的工作室 1 ∶ 1 场景

花草园林

接力花卉产业　推动转型升级

图 7　花草园林周刊关于园博馆临时展览的报道

6　临时展览的互动体验和配套服务

园博馆临时展览的配套服务十分全面，贯穿一个展览的始末，满足观众不同深度的观赏需求，保障了游客良好的观展体验。首先，印制相当数量的展览折页，在展期间向游客免费发放（图 8）；对于重点展览编写印制配套的展览图录，如“藏地瑰宝——西藏园林文物展”、“南来飞雁北归鸿——纪念徐悲鸿先生诞辰 120 周年特展”等展览。其次，针对一些重点展览，举办相关主题的文化讲座，根据展览的内容，邀请相关专家，对展览涉及的园林知识进行扩展性分析，并在展厅中提供专业导游讲解服务。如“历史名园　书写辉煌——北京市公园管理中心回顾展”、“玉雕丹青　金石和声——玉雕彩绘版画展”。再次，在一些展览中设计了颇具特色的互动体验，游客在参观的同时可以亲手参与制作。如“年吉祥　画福祉——年画中的快乐新年展”，游客可以使用传统木板模具印制生肖年画；“布上青花——南通蓝印花布展”，游客可以体验蓝印花布制作工序中刮灰浆的步骤。最后，每个展览均设置了观众意见簿，对观众提出的意见和建议及时收集，以便吸收采纳。

7 结语

几年间，随着园博馆一个又一个临时展览的成功举办，使这座有生命的博物馆越发展示出勃勃生机，灿烂多姿，越发地引人入胜，流连忘返。在每一个临时展览面向公众开放的背后，无不凝聚着馆内、馆外方方面面人们的智慧和付出，无不蕴含着园林人对中国园林事业和中国传统文化的热爱和无限的追求！无不展现着中华文明的伟大和魅力！

图 8　历次临时展览的宣传折页

参考文献

[1] 单霁翔 . 从“馆舍天地”到“大千世界”——关于广义博物馆的思考 [M] . 天津大学出版社，2011.
[2] 中国园林博物馆 . 中国园林博物馆学刊 1 [M] . 北京：中国建筑工业出版社，2016.

An Analysis for Temporary Exhibitions of the Museum of Chinese Gardens and Landscape Architecture

Jin Mu-xi

Abstract: The Museum of Chinese Gardens and Landscape Architecture is the first national museum of its kind in China. The museum was opened in May 18 , 2013. Over the past 4 years, more than 70 temporary exhibitions have been held here. All exhibitions followed the main theme of Garden. For high-quality exhibition to visitors , team staff keep improving the scheme , using the new method to display and improving the service to visitors. The Museum of Chinese Gardens and Landscape Architecture promoted the culture , exhibition and interflow of Chinese garden culture.

Key words: museum; garden; temporary exhibition

作者简介

金沐曦 /1987 年生 / 女 / 北京人 / 助理工程师 / 硕士 / 就职于中国园林博物馆北京筹备办公室 / 研究方向为园林、展览展示

中国传统园林中的石景艺术初探

吕洁

摘　要：山石是中国传统园林重要的造园要素之一，园林中置石的历史悠久，在我国造园艺术发展史上有着重要地位。置石在园林中不仅有点缀、美化景观、引导游览的作用，更以其独特的形态、巧妙的构造和自然的气息为园林中的景致增添了情趣，拉近人与自然之间的距离，寄托了园主人的情感和思想活动，表达了某种人生的哲理。本文从园林置石的历史起源、形成的文化背景、人们偏爱石头的原因等方面进行了系统总结，探讨了置石从古至今的发展历史以及所蕴藏的文化内涵，在此基础上对石景艺术中的置石种类、放置特点、功能和对现代园林的指导意义等方面进行阐释，让人们在充分了解置石的同时也能感受到置石的无穷魅力。

关键词：传统园林；石景艺术；置石；风景园林

园林作为一门综合性的艺术，在漫长的时间长河中逐渐沉淀下来，又受地域、人文、历史原因等因素的影响，形成了各具特色不同风格的园林。园林是由各种元素组合构成的，山、石、水、桥、路、树等等缺一不可。在众多元素中，“石”又是其中很重要的一项造景素材，一直有“园可无山，而不可无石”的说法，由此可以看出石在园林中的地位。园林中大大小小，或独立或堆叠的石头，乍一看好像杂乱无章，无规律可循，其实它们从选材，到布景、置景以及摆放的形态都很有讲究。同时，置石也是园林景观设计的难点之一，置石往往放置在视觉的焦点处，是美化景观环境的重要手段之一，也能表达一定的文化内涵。

由于我国对石的认识和利用比较早，因此石的种类也多种多样。随着历史的不断发展前进和人类文明的不断进步，人们对石头的了解和认识也逐渐加深，从最开始的崇拜利用石头，逐渐发展到后来给石赋予了丰富的精神文化内涵。本文的主要研究目的是通过对置石的发展历史进行梳理，理清影响置石发展的原因，梳理园林置石的基本知识，使读者读过之后对石景艺术有所认识和了解。

1　中国园林石景艺术的发展历史

1.1　石景艺术

传统石景艺术主要包括两部分内容：堆山和置石。堆山就是堆建假山，可根据具体的需要选择不同的材料来建造。置石，是以石材或仿石材布置成自然露岩景观的造景手法。主要以观赏为主，有时还可结合它的挡土、护坡等实际功能，用以点缀风景园林空间，作独立性或附属性的造景布置。置石一般体量较小且布置比较分散，园林中容易实现。但它对单块山石的要求较高，通常以配景出现，或作局部的主景，是特殊性的独立景观。而假山是指庭院中人工造石而成供观赏的小山。由此可以看出，石景艺术的范畴明显大于置石和假山的范畴。

1.2　石景艺术发展简史

1.2.1　秦汉时期

中国园林中山石的应用最先始于先秦时期，到汉代又有了进一步发展。秦汉之时盛行大规模造假山，这一时期的假山大多是土、石相结合的远景式假山。汉武帝在长安建了太液池，又在池中营造了方丈、蓬莱、瀛洲三座人工的神山，就是人们常说的一池三山的模式。此时的山体，体积较大，用土堆成，这大大促进了古代园林艺术的发展，它的贡献在于使空旷的水面变得层次丰富，变化无穷。因此，秦代造山是为了求仙，而宋代多在私家园林中模仿自然山水的形状建造假山，这里造山则是为了供人娱乐了。

1.2.2　魏晋时期

魏晋时期是园林历史上的转折期，园林开始由圈地式向写意山水的方向发展，并更多地关注园林的精神层面的功能，注重艺术的表现。同时，造园手法也开始变得精细，在一些私家园林中开始出现了特置的单块美石，说明当时的人们已经开始注意置石的重要性并能运用到园林中去。在《南史·到溉传》中既有记载："斋前山池有奇礓石，长一丈六尺"，可以说是特置的先例。此外由于这一时期私园开始逐渐发展起来，人们将园林用缩小的尺度表达出来，园林也在这时逐渐过渡到写意写实相结合的手法上来。

1.2.3 隋唐时期

隋唐时期在园林的发展史上起到了承上启下的作用，这一时期在创作技巧和手法上都有了很大的提高。在造园立意方面，造园者更注重情景交融，使游客通过眼见之景展开无尽联想。这一时期，单块景石或由若干景石组成的景观已经很普遍了，说明这一时期人们已经认识到景石在园林中的重要地位和作用。同时，在隋唐时期，"假山"一词开始作为园林筑山的称谓，并且人们已经普遍认识到山石的价值。

1.2.4 宋元时期

书画、文学等在宋代繁荣发展，园林也深受其影响，石文化也变得更为丰富。宋代不仅模仿自然山水的假山的建造技艺达到了很高的水平，而且也开始使用天然石块作为假山的原材料，制造水平达到了前所未有的高度，此外还出现了专门的技师。在此期间，最具代表性的要数北宋著名的人工山水，宋徽宗建造的艮岳是历史上规模最大的假山，是一座结构精巧的人工山水园。另外，宋代书画家米芾提出的"瘦漏皱透"也成为日后评石赏石的金科玉律。

1.2.5 明清时期

到了明清，园林的石景艺术更加普及和成熟了，成为园林发展的鼎盛时期。这一点从计成的《园冶》中就能看出来，在《园冶》中总结了多种类型的造山技艺，这些技艺到清代发展得更加成熟。清代发明了穹形洞壑的叠砌方法，用大小石钩砌成拱形顶壁，形似峭壁。现存的几大名石如瑞云峰、冠云峰、玉玲珑等都是这一时期的作品。另外，在明清时期，也形成了现有的三大典型园林风格的代表，即北方皇家园林、江南私家园林、岭南私家园林，这三大园林所用的石材也大有不同。北方皇家园林大多就地取材，较多使用当地的青石和房山石，这两种石材给人以浑厚凝重之感，更能体现出北方敦厚大气之风；江南园林所用的石材种类较多，主要以太湖石和黄石居多，用量较大；岭南园林由于规模较小且大多数是宅院建筑占很大比重，叠山多用英石包裹，石景多因山体形态而丰满。明清时期也是名家辈出的时期，计成的《园冶》、文震亨的《长物志》、清代李渔的《闲情偶寄》，这些著作不仅在理论上进行了总结归纳，在实践方面也给予了很大指导。

2 中国古典园林石景艺术形成的思想及文化背景

2.1 石景艺术的文化背景

2.1.1 受中国传统文化哲学和黄老学派传统哲学的影响

中国园林与中国传统文化之间的关系，形成过程中传统文化发挥什么作用，禅宗主张通过个体的直觉体验和冥想的思维方式，通过感悟达到精神的超脱和自由。中唐时期，禅宗美学兴起，把审美和人的内心体验直觉感情联系到一起，并把这种禅宗思想融入园林造景中，更为强调创作的主观性和自由性，使作品达到情景交融的境界，把完整的境界突显出来，使人们从无限的自然山水中体会到无限的美感。自中唐以后，人们对自然美有了新的追求，人们开始更加注重自然和谐的心境，并把这种心境寄寓于山水之中。这时赏石之风也悄然兴起，主要是以单块奇石和小型山体为欣赏对象，置石已然成为自然意趣的象征，成为精神境界的写照。

道教讲究神仙境界，清静无为，返璞归真，回归自然，这对中国古典园林的意境有很深的影响。中国古代的哲学家遵循顺应自然的思想。老子在两千多年前就提出万物复归其本色，造作的人类和社会必须回归其原始状态，才能实现其万物和谐的境界。"道法自然"是道家哲学的核心，在这种思想的影响下，园中景观的设计把自己的思想感情恰当地表达出来，石头本是静止的没有生命的物体，但古代的造园人把石头拟人化了，利用石头的功能用途将它赋予了生命的象征。可以说，石头在人与自然之间架起了一座桥梁，使园林从建筑空间自然过渡到了自然空间。从象征意义上讲，这就是从人到地再到天的过渡，从而达到天、地、人三者的和谐统一。

2.1.2 诗词书画对中国古典园林造景艺术的影响

优美的自然风光，秀丽的大好山川给了画家诗人无限的遐想空间，反过来说，诗人和画家们在诗词歌赋中所描写的秀美风光、丹青画卷也为造园家们提供了很好的创作素材，两者可以说是相辅相成。中国传统山水诗、山水画的意境也成为传统园林的创作目标之一。东晋诗人谢灵运和唐代诗人白居易都曾以诗人的意境来造自己的园子。元代的倪瓒参与设计的狮子林就是按照自己所绘的图画建造的。园中的假山叠石最为有名，其中因许多石峰形状酷似狮子，因此命名为狮子林。明代的计成，爱好作画又喜欢收集奇石，他的著作《园冶》把绘画和造园经验相结合，并且总结了两千年的造园理论和方法，为后世研究造园艺术提供了宝贵的资料。中国数千年的灿烂文化，是各种艺术创作的源泉，中国古典园林以构思立意，建造设计等等方面都能反映出追求自然、崇尚天人合一的精神。

2.2 石景艺术的精神内涵

从古至今，人类对石头的喜爱从未停止过，中国的石文化源远流长，博大精深，其中暗藏着大自然的玄妙和人生的哲理。自古以来，人们把对石的收藏和鉴赏作为一种陶冶性情、明心治德、寄托精神的方式，古人也不乏有很多赞石咏石的诗词歌赋，人们爱石恋石品石，把自己的感情寄情于石。

2.2.1 对大自然的崇拜

人类对大自然的崇拜从原始时期就已经出现了。人们在长期的生产劳动中，对石的认识越来越深入，对石的形、色、纹理等越来越了解，因此逐渐喜欢上石。中国古代有“万物有灵”的说法，就体现出对石头的崇拜之情。由于石头还有浑然天成、高大的特质，因此人们对它除了喜爱之外还有崇敬、敬仰的感情，“女娲补天”的远古传说就能体现出人类对石崇敬的感情，这个神话故事影响深远，流传至今，它把现实中普普通通的石头上升到天宇中去，具有通灵之意。

2.2.2　个人情怀的寄托

古人喜欢在石头上题词作诗来表达自己的感情，抒发个人情怀。宋代诗人梅尧臣就有这样的诗句“至今怪石存旧镌，土叶树荫黄金田”，所描述的就是在园子中找来形状奇怪的石头，在上面镌刻诗文，一直保存至今。古代的画家诗人很多都喜欢用这种方式来留下自己的感悟和想法，因此今天在很多园子中都能见到赞美石头的诗词。古人还喜欢思古、怀古，把追思和怀念之情寄予石。石因为其本身坚硬的特质进而引申出坚强、刚毅、正直的意思，也是人们认为君子该有的德行，因此又加深了对石头喜爱的感情。

2.2.3　对石形的喜爱

大自然中石的形状千奇百怪、变化多样，有的独立成景，有的堆叠成景，所以置石变化多样的形态一直以来也是人们喜爱的一个重要原因。前面讲到能作为园林置石的种类很多，每一类都有其自身不同的特点，它们的纹理、颜色、形态等都有所不同，因此可以说每一块石头都是彼此不同的。而且置石不仅可以独立成景，还可以根据周围不同景观的需要随意组合，再与植物、水体等搭配起来，就是一处令人赏心悦目的园林景观。

3　园林中的石景艺术

“本于自然，高于自然”是中国古典园林的基本特征，同样也是造园的基本原则。人们之所以要建造园林，就是希望在有限的空间里营造出无限的山水自然环境，来再现自然，补偿人们对自然的渴求和依赖。园林中的山、水、植物等景观虽然都是人为刻意设计的，但是设计追求的最终目标则是摆脱人工雕琢的痕迹，达到“虽由人作、宛自天开”的境界。

首先，石景艺术在设计上要做到布局组合合乎自然，符合山水的自然生长规律。景观的设置不能明显有违背山水自然规律的地方，布景、位置等方面都要特别注意。其次是要每个要素组合的时候要符合自然规律。比如在堆砌山石时，每块石料之间如何堆叠，纹理如何选择搭配，都要尽全力仿照自然山石的形状，达到宛若天成的境界。以上这些都是为了力求逼真地再现自然山水而不露出人工的痕迹，虽假尤真，让人无限回味。

3.1　园林石景艺术的营建材料

园林景石的选石标准并不是一成不变，它会受当时的自然历史条件、造园技术发展水平以及造园家的思想活动等多种条件的影响。不同质感不同纹路的石头所呈现出来的视觉效果也不尽相同。因此，造园时恰当地选取石材才能达到既与景观相协调又美观耐用的效果。

3.1.1　置石的种类

通常在园林中常见的置石有太湖石、灵璧石、昆石、宣石、黄石等等，这几种石头在园林的布景中最为常见。太湖石（图 1），因最早产于太湖地区而得名，颜色以白灰色居多，少有青黑色、灰色，而黄色最为稀少，因石灰石长期受到波浪冲击，受二氧化碳溶蚀所形成，其体态通灵剔透，质地坚硬，姿态万千，刚柔相济，分布地区广且产量大。太湖石的形状各异，大小不同，有的形象，有的抽象。体积大的可以独立成景，小的可以几块堆叠成景，或与其他景物配置，珠联璧合。灵璧石，因敲击时发出的声音类似八个音符，因此又称八音石，也叫磬石。主要由微粒方解石组成，因含有金属矿物故颜色发黑并带有花纹，除了黑色之外还有褐黄、灰色，间有暗红、白色，不仅颜色丰富，声音更是一绝。轻轻敲击，余韵悠长，也因此有“玉振金声”的美称。英石（图 2），又叫英德石，主要产于广东北江中游的英德山间，属于沉积岩中的石灰岩，因为该地区的岩溶地貌发育较好，山石易被风化，再加上长年累月充沛的日照和雨水冲

图 1　太湖石

图2　英石

刷，忽冷忽热，也正因为如此，大多数英石有多个石洞，英石本色为白色，但因其风化后富含多种杂质而呈现出多种色泽，有浅绿、灰黑、淡青等颜色，中间多夹杂着淡白色的条纹。英石的轮廓变化很大，一块石头中常常有多个石眼，表面褶皱多而密，集中体现出“皱”这一特点。昆石其外表晶莹剔透，色白如雪，石形变化多端，石孔遍身，石体上的石英晶簇脉片变化复杂，给人以纯白高洁之感，自宋朝以来被认为是供石中的上品，与太湖石、雨花石并称为“江南三大名石。”宣石，又称宣城石，主要产于安徽省南部宣城、宁国一带山区。该石质地细致坚硬、性脆，颜色有白、黄、灰黑等，以色白如玉为主。宣石表面棱角非常明显，有沟纹、皱纹细致多变，体态古朴，最适宜做表现雪景的假山，也可做盆景的配石。笋石（图3），产于浙赣交界的常山、玉山一带，颜色有灰绿、褐红、土黄等，常作点景、对景用。黄石（图4），主要产于常熟虞山。其石形体顽憨，棱角分明，雄浑沉实。与湖石相比，黄石平正大方、主体感强，具有很强的光形效果。

3.1.2　置石的手法

除了石头本身造型好之外，如何摆放也是很有讲究的。要既能突出石头本身的特点，又能与其他景物很好地融合在一起，为园林景观起到锦上添花的效果。园林中的石头，有些看似杂乱无章地随意堆放在一起，实际上其中有很多讲究和学问。所以有“石配树而华，树配石而坚”的说法，由此可见园林置石搭配的重要性，优化的搭配可以丰富园林的层次，增强立体效果，使景观显得富有生机和活力。

图3　笋石

图4　黄石

景石在园林中通常有以下几种布置手法。特置，是园林中比较常见的置石方式，通常选取形神兼备、造型奇特的石头，置于局部空间的构图中心或焦点处，作为园中独立的一道景观。通常选用体积庞大，造型独特的太湖石。散置又称“散点”，实际上包含了孤置和群置，所选用的石材大小不一，大多放于路旁、水边、树下、台阶边缘等。散置的布局特点在于有聚有散，主次分明，高低起伏，作为局部空间高低落差的过渡，是一种很自然的点缀方式。群置，又称“聚置山石”，一般是将多块景石堆叠组合在一起，形成具有一定艺术表现力的石群，通常布置在水岸边、路边、树下或水草旁，要求主从层次分明，错落有致，还要与周围的景观相协调。

3.2 石景艺术对现代园林的指导意义

3.2.1 对现代园林文化性和美学的指导意义

随着传统园林的不断发展，经过漫长岁月的逐渐演变，尽管已经有很多传统园林与文化有着紧密的联系，但是文化的体现除了传承之外还需要不断地与时俱进，不断地创新。让游客在参观游览园林的同时，也能体会到其中蕴藏的文化内涵，反映当下的时代特征。园林是与人交流的艺术，那么园林中所要展现出来的要与生活息息相关才能吸引人们的兴趣，引起人们的共鸣，给人以身心愉悦的感受。

人们的审美是不断发展变化的，因此石景艺术的设计并不是一成不变的。在设计时既要继承古代石景艺术设计的精髓，也要加入现代美学的原理。因此，在设计时，既要考虑到石的颜色、形状、质地等因素，也要与周围环境相搭配，协调一致。

3.2.2 对现代园林生态性的指导意义

国家近几年都在强调加强生态文明建设，保护好我们赖以生存的家园，以可持续发展方式来提高生活品质和生活环境，这是我们一直要努力的目标，由此可见，生态环境对我们生活的重要性。而园林本身就与生态建设密切相关，因此更要充分体现出生态性的特点。从石景艺术的设计到选材上都应该充分重视保护环境这一问题，在选材上和材料的使用上尽量做到生态效益的最大化，把营造美景和保护环境很好地结合起来，相辅相成。怎样设计才能体现出生态性呢？简单来说，就是以简带繁，形简意赅，不过分堆砌置石，合理摆放布置，呈现出造型优美的置石景观。

4 小结

中国园林在世界园林史上留下了不可磨灭的功绩，对整个世界园林的发展起到了推动作用。园林石景艺术应该在现有的研究基础上，不断深入挖掘，不断推陈出新，在吸收了外来经验的同时继续保持自己的特点，保留艺术中永恒的动力，使中国的石景艺术永葆生命力。沿袭继承民族文化的命脉，结合当今时代特色，积极把新材料运用到石景艺术中去，发展与创新是亘古不变的道理，只有不断发展才能一直生存下去，才能经久不衰，创造出更丰富的艺术内容，更多的创作风格和创作手法，给人以更多的自然美和艺术美的享受。园林中石景之多，内容之丰富，并不是在一篇文章中就能讲清楚的，我们对石景的研究未来还有很长的路要走。除了继承我国传统园林之外，同样也应该吸收借鉴国外园林的长处，去粗取精，注入新鲜的血液，使中国的园林不断朝气蓬勃地向前发展，使其能够更贴近自然，更能展现出自然之美，使中国的园林再创辉煌。

参考文献

[1] 计成 . 园冶 [M] . 北京：中国建筑工业出版社，1988.
[2] 文震亨 . 长物志 [M] . 重庆：重庆出版社，2010.
[3] 李渔 . 闲情偶寄 [M] . 杭州：浙江古籍出版社，1985.
[4] 云林石谱 [M] . 北京：中华书局，2012.
[5] 毛培琳，朱志红 . 中国园林假山 [M] . 北京：中国建筑工业出版社，2004.
[6] 邵忠. 江南园林假山 [M] . 苏州：中国林业出版社，2002.
[7] 庄树渊 . 园林置石选石及布局的初探 [J] . 中国园林，2002 (1)：82-84.
[8] 罗晓玉 . 园林置石在现代园林景观中的应用 [J] . 现代园艺，2016 (7)：123.

Research on Stone Scene in Chinese Traditional Gardens

Lü Jie

Abstract: Stone arrangement is one of the important elements in traditional Chinese landscape art. Stone application plays an important position in Chinese gardening history for it has a long history, and it can be dated back to ancient times. The stone arrangement in the garden can not only play a role of decorating, beautifying the gardens and indicating the tourists ,but also it adds some spices with its unique form, ingenious structure and natural flavor. In addition to this, it narrows the distance between people and nature so that people can feel the nature and get close to nature better. Some of the stone arrangements is not simply a display which is placed in the garden, some also expressed the emotions and inner thoughts of their masters. Furthermore, they show philosophy of life. In this paper, the stone arrangement is introduced from the aspects of historical and cultural background and the history of development as well as the types of the stone arrangement, which makes people learn about the stone arrangement and the great charm of it through the various analysis and introduction.

Key words: China traditional garden; stone arrangement; stone; landscape architecture

作者简介

吕洁 /1987 年生 / 女 / 北京人 / 助理馆员 / 硕士 / 毕业于内蒙古师范大学 / 就职于中国园林博物馆北京筹备办公室 / 研究方向为科普教育

中国园林博物馆公众教育体系建设与活动品牌打造

杨秀娟 吴狄 王歆音 李想 葛艺琳

摘 要： 社会教育是博物馆的四大职能之一。中国园林博物馆开馆四年来一直以展示和传播博大精深的中国园林艺术、弘扬优秀的民族传统文化为己任，每年举办两百余场包含园林文化及园林科普的教育活动，吸引观众了解园林、走进园林、感悟园林，根据调查研究归纳出一系列规律性做法和流程进行转化和实践，切实提高了园博馆公众教育活动的能力和水平，并通过打造系列教育品牌活动、寻求最具园博馆特色的教育活动模式，更好地传播园林文化与科普知识。

关键词： 中国园林博物馆；公众教育；教育体系；品牌活动

中国园林博物馆自 2013 年 5 月 18 日开馆运行后，结合各种传统节庆假日、科普主题日及馆内各项展览及活动，面向广大园林专业人士、园林爱好者和普通观众开展了丰富多彩的公众教育系列活动，集中展示了中国园林的悠久历史、灿烂文化、辉煌成就及多元功能。

1 总体目标

通过采取教育资源梳理、调研观众需求、明确目标受众、确定教学理念、教育活动实践、观众反馈调整再实践的思路，建立具有园博馆特色的公众教育活动体系并打造系列教育品牌活动。

1.1 整合资源，构建园博馆公众教育体系

自 2013 年开馆以来，园博馆通过不断策划并开展各项公众教育活动，已基本确立并推进以“公众教育”为纽带的博物馆教育运营理念。2016 年，园博馆根据北京市公园管理中心《“十三五”事业发展规划》的总体目标并结合园博馆工作实际，整合馆内藏品保护、展览陈列、园林艺术研究等多方面工作成果，统筹纳入园博馆教育资源并应用于构建公众教育体系。

1.2 做精做深，打造园博馆特色公众教育品牌活动

根据观众年龄、受教育程度及参与公众教育活动需求等方面详细划分园博馆公众教育活动受众群体，形成针对中小学生、专业院校及社会公众等不同群体的公众教育活动形式和内容。同时，通过各类公众教育活动的开展，并按照园林特色突出、活动主题新颖、文化内涵丰富等标准筛选并确定园博馆公众教育品牌活动，推出具有园博馆及中国园林特色的科普读物等宣教产品。

1.3 项目合作，创新园博馆公众教育活动开展形式

在自主策划开展公众教育活动的基础上，通过寻求并引入具有教育资质的社会机构的成熟教育产品，并以项目合作的方式与园博馆公众教育活动进行调整融合，以此丰富活动策划思路、创新教育活动形式、提升活动开展质量，最终达到推进园博馆公众教育工作的持续发展和进步。

1.4 深化教学，形成馆校联合系列教育课程

通过深化与中小学校、社会教育机构之间的项目合作，使园博馆的公众教育活动与中小学校文化、历史、科学、自然、思想道德等课程相互结合。同时，加强与开设风景园林学科专业的高等院校合作，充分发挥园博馆园林文化中心平台作用及文化惠民、服务民生的社会功能，针对不同年龄层次学生打造与学校课堂教学内容互补的博物馆社会教育品牌活动，以此建立长期有效且结合密切的馆校合作制度。

2 构建园博馆公众教育体系

园博馆在开展公众教育活动过程中始终以“整合资源、开放共享”为理念，充分挖掘园博馆教育资源，将社会公众参与社会教育的实际需求作为开展公众教育活动的出发点和落脚点，同时通过园博馆以往开展的各类各项公众教育活动，以构建全面、完整的公众教育活动体系为目标并结合活动主题、教学内容及教育模式策划并开展公众教育活动。通过梳理园博馆以往开展的各类各项公众教育活动及对教育内容的分类整合，明确了包括自然科学、传统文化、角色体验三大类的园博馆公众教育活动体系。

2.1 自然科学类

园博馆自然科学类公众教育活动，主要包括“秘密花园”青少年创意造园自然教育（图 1）、“园林探索之旅”园林启迪教育、“京西御稻”园林主题农耕文化体验（图 2）以及“小小园艺师”创意植物体验（图 3）4 项活动。这一类活动是依托园林学科内的自然属性并结合馆内景观、展览和馆藏等资源，通过专业知识讲座与创意互动体验相结合的方式开展的自然探索体验活动。

图 3 “小小园艺师”创意植物体验

2.2 传统文化类

园博馆传统文化类公众教育活动根据中国园林“兼收并蓄”的文化特点并以古代园居生活出发，重点打造了“琴棋书画、诗香茶花”及“民俗”、“非遗”共计 10 类公众教育活动（图 4、图 5）。同时，深入挖掘中国传统文化如春节、清

图 1 “秘密花园”青少年创意造园自然教育

图 4 “山居雅集——曲水流觞”茶文化体验

图 2 “京西御稻”园林主题农耕体验

图 5 “山居雅集”——传统插花体验

明、端午、中秋等传统节日的文化内涵和节日习俗，通过文化讲座、园林雅集、民俗展览及非遗制作等形式，提升广大观众的精神文化生活，实现园博馆在园林传统文化及美育教学上的展示传播作用。

2.3 角色体验类

园博馆角色体验类公众教育活动主要包括“园林小讲师”园林文化教育（图6）和“爱我中华古典园林·学我中华灿烂文化”园林典故儿童演剧（图7）两项课程活动。此类课程避免了学校课堂教学的固化模式，通过园林素养课堂、园林历史课堂、园林故事课堂、园林鉴赏课堂和园林游学课堂等多种具有较强沉浸度的教学方法，将无形的园林文化及与园林相关的历史典故转化成为让青少年学生采取角色扮演的方式完成体验和学习。

3 打造园博馆公众教育品牌

通过细致梳理和综合比较往期举办各项公众教育活动的教育目的、课程内容、教学方法、组织形式以及受众评价等因素，园博馆明确了针对“园林探索之旅”园林启迪教育、“园林小讲师”园林文化教育、“京西御稻”园林主题农耕文化体验、“秘密花园”青少年创意造园自然教育、“山居雅集”传统文化体验共计5项公众教育活动的品牌打造。

图6 “园林小讲师”园林文化教育

图7 “爱我中华传统园林·学我中华灿烂文化”儿童剧会演

图8 “园林探索之旅”——馆长科普日

3.1 “园林探索之旅”园林启迪教育

“园林探索之旅”园林启迪教育是一项以学习基本园林知识为教育目标，结合《九年义务教育教学大纲》并以“北京市中小学生综合素质提升工程”为指导精神的参观类教育活动。在活动中，依托馆内极具特色的圆明园全景立雕模型、镇馆之宝“青莲朵”、植物生态墙、馆藏之最硅化木、中国古代园林展厅以及三座特色室内展园等特色展出，深入挖掘青少年参观的兴趣点、知识点和科普点，为青少年讲述园林发展历史、鉴赏园林美景、品味园林文化并普及园林科普知识（图8）。

3.2 “园林小讲师”园林文化教育

“园林小讲师”园林文化教育以培养具备传播园林知识能力的小讲解员为活动目标，通过角色体验式教学的方式使青少年能够置身园林之间，探求中国园林深邃的文化和富含的哲理，并体验个人的成长与获取知识的快乐。在“园林小讲师”的课程中，设计有园林启蒙课堂、园林素养课堂、园林历史课堂、园林游学课堂及园林故事课堂，配套《园林小讲师》学习教材并辅以讲师授课、一对一辅导和情景演剧等培训形式，激发青少年对中国园林历史文化的认知与兴趣，了解并掌握讲解员的服务礼仪、吐字发音、态势语言，在畅游中国园林中学习并讲述园林文化。通过园博馆搭建的志愿讲解平台，充分激发了小讲解员们自主探索学习和反复实践提升的讲解服务兴趣，充分实现了博物馆寓教于乐及教育转化的社会教育功能（图9）。

图 9 “园林小讲师”志愿服务

3.3 “京西御稻”园林主题农耕文化体验

“京西御稻”园林主题农耕文化体验是利用园博馆室外自然教学资源并面向青少年亲子家庭开展的一项囊括自然和文化教育的体验课程。在教学内容方面，以科普讲座方式向观众普及京西御稻文化知识，并通过自然观察使观众进一步了解有关水稻的科普知识；在农耕体验环节，参与观众通过学习观察农务老师示范插秧或秋收的过程，在掌握技巧后亲身参与并体验农耕乐趣。本项活动不仅能使参与者能够与自然保持亲密接触，还能对农耕文化、作物知识、生态环境及城市发展等多方面达到综合提升。此外，园博馆还采取通过微信公众号“微园林”平台不定期发布水稻的发展长势，吸引参与活动观众及时关注和掌握京西御稻的生长状况，了解京西御稻从秧苗到成熟的全过程（图 10）。这种通过线上线下互动的教学方式，延伸了教育活动的热度并达到了扩大教育覆盖面和辐射力的效果。

3.4 “秘密花园”青少年造园体验自然教育

2016 年 5 月正式启动的“秘密花园”青少年造园体验自然教育，是园博馆基于可持续理念打造而成的一个集观赏、教学、实践、观察于一体的教育品牌活动。本项活动充分依托园博馆自然资源构建科普教育场地，特别注重内容形式的丰富多样：从秘密花园的最初营建到建设完成都组织公众全程参与，其中主要包含花园体验区的空间设计、园景营建、植物种植、生态水池建设及花房室内布置等 13 项丰富多彩的活动。此外，为培养青少年的自然观察习惯，园博馆在开展秘密花园种植体验活动的基础上，还组织学校的在校学生到秘密花园内开展每周一次自然观察课程，完成了秘密花园全年的园林植物生长变化观察及土壤环境因子数据监测等各项观察记录，最终形成完整的自然观察笔记（图 11）。

3.5 “山居雅集”传统文化体验

“山居雅集”园林文化体验是园博馆充分挖掘传统文化和园居生活打造而成的一项传统文化类教育活动。依托园博馆内极具特色的实景园林资源，围绕“琴、棋、书、画、诗、香、茶、花”及戏曲等多种传统文化载体，使观众在置身实景园林间体验品茗插花、赏乐闻香等传统文化的内涵及意趣。自开馆以来，园博馆特别致力于园林插花艺术及禅文化的相关研究，一是联合园林系统院校插花名家深入研究“唐宋元明清”插花历史文化并打造插花艺术教室；二是深入研究“茶圣”陆羽编著的世界第一部茶叶专著《茶经》及其他与茶相关的历史典籍，将唐代煎茶和宋代点茶工艺完整再现。以此打造了融合插花与茶文化的“明前品翠”、“听园”、“七碗茶歌”及“立秋听蝉”等多项文化雅集体验活动（图 12）。此外，依托对古典园林园居生活的研究和复原，园博馆还以“山居雅集”为主题在传统节日期间相继开展了“笔墨绘画·翰墨艺韵”书画冬令营、“香与养生”香文化体验、“书香园林·诗赋中华”朗诵汇、“琴音雅韵”古琴课程及“咫尺博弈”围棋课程等各项活动，观众身着传统服饰，在园林中感受传统文化的深厚意蕴及诗情画意的园居体验。

图 10 “京西御稻”秋收体验

图 11 “秘密花园——为水生植物安家”父亲节亲子体验活动

图 12 “山居雅集——七碗茶歌”唐代煎茶体验

4 拓展合作，实现公众教育模式新突破

在开展公众教育活动中，园博馆通过寻求项目合作策划开展活动的方式，着力创新活动的策划思路并提升活动的开展效果：

（1）立足北京市公园管理中心并联合各公园、院校共同开展教育教学。依托北京市公园管理中心加强与各公园院校的联动，共同弘扬园林传统文化。联合北京市园林科学研究院等单位机构开展园林科普专题系列讲座；联合颐和园、天坛公园、北海公园及香山公园等单位共同推出“园林瑰宝”园林文化科普教育专题电子专刊。

（2）加强与专类园林文化研究机构合作，开展主题研究。挖掘园林历史资源策划并开展再现园林历史场景的公众教育活动。与园林名家郭黛姮统领的“数字圆明”团队合作打造“坐石临流——曲水流觞文化空间体验”、“‘园林皇肆御乐同春’皇家园林农商文化体验”及“武陵春色文化空间体验”等多项园林文化教育体验活动。

（3）加强与园林、文博、教育等行业专业平台联动。充分挖掘和整合园林与博物馆的教育特点和行业优势，加强与园林行业协会、学会、博物馆社会教育专业委员会及北京市教育委员会、北京市科学技术委员会等众多平台的联动合作，多方面、多角度、多渠道地推广中国园林文化及园林科普知识。

（4）加强与主流媒体的深度策划，拓展教育新方式。联合中央电视台、北京电视台等相关栏目，共同推出面向社会公众，特别是青少年学生的园林系列节目。以借助电视媒体和召开园林展会为宣传契机，进一步拓宽园博馆公众教育的受众群体，使公众教育活动的影响力显著提升（图 13）。

5 深化教学，形成系列教育课程产品

除开展馆内公众教育活动外，园博馆基于互联网平台充分体现教育职能的扩大和延伸，现已完成包括互联网视频微课程近 50 余个专题，发布图文园林文化科普专题专刊 524 条，推送文字 30 余万字。

2016 年园博馆承担北京市教育委员会“传统插花在中小学美育教育中的实践研究”课题以及北京市科学技术委员会“建设创意植物科学探索实验室”项目，进一步在植物科学探索和植物微观方面试验开展具有系统性、创造性和趣味性的自然科学类公众教育活动课程。园博馆作为北京市教育委员会“初中开放性科学实践活动”和“中小学社会大课堂”资源单位，全年开展各类涉及园林文化、园林历史、园林植物、园林建筑和生态环保等主题的公众教育课程达 56 场，参与受众人数达 3000 余人。同时，推出涵盖园博馆内动植物自然资源、中国传统建筑榫卯结构、园林小讲师课程教材及创意植物科学探索实验室趣味植物实验指导手册等园林文化科普教育手册系列读物共计 6 种（图 14）。

图 13 中央电视台少儿频道《芝麻开门》节目

图 14 感悟匠心营造——凹凸中的启示

6 经验总结

6.1 依托行业，打造园林文化传播平台

园博馆作为一座具备园林与博物馆两个行业体系特点的公益性永久文化机构，在文化大发展大繁荣的北京具有极佳的行业资源。借助国际园林文化交流的平台优势，园博馆可充分满足北京市公园管理中心下属各公园单位、研究机构和行业院校展示园林特色资源和宣传园林工作成果的需求。

6.2 明确公众教育对象，不断丰富公众教育活动内涵

在策划并开展公众教育活动的过程中，在明确接受公众教育的对象群体的基础上特别注重对受众群体的细致划分和因人施教，并能够坚持做到针对不同群体对公众教育活动的需求进行调研整理分析，这种有的放矢地策划活动的方式，能够确保活动的教育内容可兼顾文化传承并满足观众需求。

6.3 挖掘历史资源，打造具有自身特色的公众教育品牌活动

在公众教育活动体系的思索和确立过程中，应该通过深入挖掘单位自身在历史、文化、科技等方面的教育资源，将知识点转化为趣味性高、参与度强且具有文化认同感的教育活动课程。做到依托优势并结合自身定位，把教育活动打造成为品牌优势，使之成为面向社会公众的特色服务产品和形象名片。

6.4 探索项目合作，注重优势互补

在经过项目合作的探索阶段后，园博馆逐渐总结出项目合作的优势：一是快速引进成熟的教学产品，能够补充园博馆现有人力不足的问题；二是具有强大师资力量与组织经验的项目合作方可使教育资源共享得更加便捷灵活；三是项目合作方由于身处优胜劣汰的市场竞争中，致使其能够更加积极主动地跟随主流并掌握市场的最新动向和需求以为我所用；四是优质的项目合作方拥有较为雄厚的教育设施及资源可供循环利用以此降低活动成本。

需要注意的方面：一是要结合本单位的特性及定位研究自身在社会教育领域中的品牌特色；二是在项目合作中，合作方存在一定的教育活动模式化，课程内容并不完全适合于自身所需；三是在通过项目合作开展教育活动时，要通过学习和总结经验的方式完善自身研发、策划和实施的能力，明确自身教育品牌资源与教育方向特色。

结语

中国园林博物馆通过针对公众教育活动的研究与梳理，更加清晰地认识到构建公众教育体系及打造教育活动品牌之于博物馆公众教育事业发展的重要性。通过边研究边实践，园博馆在构建园博馆公众教育活动体系、努力打造具有园博馆特色的公众教育品牌活动及以项目合作的方式开展部分公众教育活动三个方面进行了成功尝试。通过在工作中的实践探索，园博馆将继续在创新公众教育形式、完善公众教育体系方面作出不断努力，以持续提升园博馆开展公众教育活动水平为目标，充分发挥好博物馆公众教育职能作用并更好地发扬和传承中国园林的优秀文化，传播园林自然科普知识，助力北京建设成为全国文化中心的目标早日实现。

参考文献

[1] 郑奕．博物馆教育活动研究［J］．上海复旦大学，2015.1.
[2] 李彩霞．新形势下博物馆如何服务学校素质教育［J］．济源职业技术学院学报，2003，2（4）．
[3] 陆建松．厉樱姿．我国博物馆展示教育和开放服务现状、问题和对策思考［J］．东南文化，2011（1）．
[4] 吴玲．论科学发展观与博物馆教育［J］中国校外教育（理论），2009（4）．
[5] 黄美尔．发挥博物馆在青少年教育领域的重要作用［J］．工会博览·理论研究，2010（8）．
[6] 杨秀娟．吴狄．刘琳．王营营．博物馆公众教育活动的时间与思考——以中国园林博物馆为例［J］．中国园林博物馆学刊，2016（5）．

The Establishment of Public Educational System, and Promotion of Brand Activities in the Museum of Chinese Gardens and Landscape Architecture

Yang Xiu-juan Wu Di Wang Xin-yin Li Xiang Ge Yi-lin

Abstract: Public education is one of the four functions of museums.During the past four years, the Museum of Chinese Gardens and LandscapeArchitecture has taken its responsibility to display and spread profound Chinese art ,and carry forward traditional Chinese culture. The museum has held more than two hundred educational activities involving garden culture and science, which attracts visitors to know,approach and appreciate gardens. Practices and procedures from former educational activities and research are summarized and have been put into use, which improves the abilities to carry out educational activities. By building brand activities, a way to seek unique educational activity model features, the museum aims to better spread garden culture and popular science, and perform its function in social education.

Key words: The Museum of Chinese Gardens and Landscape Architecture; public education; education system; brand activity

作者简介

杨秀娟 /1975 年生 / 内蒙古人 / 高级工程师 / 毕业于北京林业大学 / 博士 / 就职于中国园林博物馆北京筹备办公室 / 研究方向为园林历史、科普教育、文化传播（北京 100072）

吴狄 /1985 年生 / 北京人 / 助理经济师 / 毕业于中共中央党校 / 学士 / 就职于中国园林博物馆北京筹备办公室 / 研究方向为科普教育（北京 100072）

王歆音 /1985 年生 / 北京人 / 助理编辑 / 毕业于北京联合大学应用文理学院 / 学士 / 就职于中国园林博物馆北京筹备办公室 / 研究方向为园林文化、科普教育与宣传（北京 100072）

李想 /1985 年生 / 北京人 / 助理工程师 / 毕业于中共中央党校 / 学士 / 就职于中国园林博物馆北京筹备办公室 / 研究方向为科普教育（北京 100072）

葛艺琳 /1993 年生 / 山东青岛人 / 毕业于北京城市学院 / 就职于中国园林博物馆北京筹备办公室 / 研究方向为科普教育（北京 100072）

中国园林博物馆社会教育功能初探

范志鹏

摘　要：中国园林博物馆通过十个展览和六大实景园林系统阐释中国园林的艺术特征、文化内涵和历史进程,体现园林对人类社会生活的影响。社会教育是中国园林博物馆的核心要素，如何发挥社会教育服务群众，是园博馆今后工作的重中之重。中国园林博物馆可通过丰富的教育形式不断深化其社会教育功能，实现博物馆的核心功能。

关键词：中国园林博物馆；社会教育；功能

博物馆的教育功能是十分重要的基本职能。贴近群众、贴近生活、贴近实际的“三贴近”指导思想，是对博物馆实施社会教育的对象、内容及方式的最好诠释。在物质和精神文明高度发展的今天，“以人为本，服务社会”已成为博物馆开展各项工作的出发点和落脚点，如何最大程度地发挥社会教育功能，值得博物馆从业者思索。中国园林博物馆沿袭了中国园林传统的理念，采用“前殿后院”的布局，其特色在于它是一座“有生命”的博物馆，是“园林植物、园林置石、园林奇珍”三位一体的博物馆，具有展示、收藏、科研、教育、服务等功能。

1　博物馆社会教育的概述

1974 年国际博物馆协会第十届大会通过的《国际博物馆协会会章》将博物馆定义为：“博物馆是一个非营利，为社会和社会发展服务的、公开的、永久性机构。对人类和人类环境见证物进行研究、采集、保存、传播，特别是为研究、教育和游览提供展览。”一般认为，博物馆的三要素是收藏、研究、教育。这三者是相互联系、密不可分。

藏品是博物馆赖以生存的物质基础，是博物馆区别于其他教育机构的最显著特色。博物馆的三大要素中，核心应当是教育功能。博物馆的社会教育功能是通过陈列展览实现的。

2　中国园林博物馆的社会教育功能

中国园林博物馆总占地面积为 65000m^2，其中主展馆面积为 43950m^2，分为地上两层和地下一层。园博馆中设有 2 个基本陈列、4 个专题陈列以及 4 个临时展览：以中国古代园林、中国近现代园林为主题设定的基本陈列；以世界名园、中国造园技艺、中国园林文化和园林互动体验为主题设置的专题陈列，同时举办蕴奇藏珍——北京皇家园林藏品精粹展、绝世天工——清代“样式雷”园林图档展和瓷上园林——从外销瓷看中国园林的欧洲影响等具有园林特色的临时展览，每年根据计划不断更新变化。除此之外，园博馆还独具匠心地在室内营造了苏州畅园、扬州片石山房、岭南余荫山房三座庭院，以表现中国南方园林流派的特色。同时，在室外依照地形设计山地园林染霞山房、平地园林半亩轩榭和水景园林塔影别苑三座北方特色园林，与园博馆主体建筑相融合。中国园林博物馆通过十个展览和六大实景园林系统阐释中国园林的艺术特征、文化内涵和历史进程，体现园林对人类社会生活的影响。

2.1　讲解是中国园林博物馆发挥社会教育功能的一条重要途径

中国园林博物馆作为一个社会教育机构，其教育职能的实现与完成，重要的途径之一就是讲解。一个好的博物馆要有好的陈列展览，更要有一只好的讲解队伍。讲解是一项创造性的劳动，讲解员通过自己的语言，能使凝固无声的文物“活”起来，实现文物与观众的人文情感交流。好的讲解可以加大陈列的广度与深度，甚至可以弥补陈列的某些不足，还能给观众以美的享受和深刻的思想教育。好的讲解也能使观众对博物馆留下深刻的印象，从而可以提高博物馆的社会影响和知名度。讲解员则是联系陈列展览与观众之间的桥梁。所以，建立一支高素质的宣教队伍，对于发挥中国园林博物馆的社会教育功能是至关重要的。

讲解，应该包括“讲”和“解”两部分，“讲”侧重于表层的知识架构，“解”则重在剖析深层次的、内涵的东西。中国园林博物馆应并重讲解员的形象与内涵。

2.2 丰富多彩的教育形式是中国园林博物馆社会教育功能的深化

目前，许多博物馆开辟了电化教育、专题讲座、流动展览、出版读物等多种教育形式，其意义不仅仅使教育形式多样化，更是社会教育功能的深化。只有转变教育观念，创新教育方法，才能更好地发挥中国园林博物馆的教育功能。这需要改变博物馆长期以来单一的说教式教育模式，进行多渠道、开放式的互动教育。中国园林博物馆所蕴藏的知识量是巨大的，如何充分利用这一知识宝库向广大观众传授知识是我们博物馆工作者的一项艰巨任务。长期以来，大多数博物馆形成了以说教为主的单一教育模式，以讲解员的“讲”为主，观众成为被动的“听众”。这种说教模式只是一种知识的灌输，不利于激发观众的兴趣和调动观众思考的积极性。这在很大程度上制约了博物馆教育功能的发挥。要改变这种单一的说教模式，采取多渠道的互动式教育，为观众提供动手操作、触摸展品、活动和游戏、趣味问答、设置文物复原等互动项目。

2.2.1 中国园林博物馆的电化教育

中国园林博物馆电化教育是指在博物馆教育教学过程中，运用投影、幻灯、录音、录像、广播、电影、电视、计算机等现代教育技术，传递教育信息，并对这一过程进行设计、研究和管理的一种教育形式。

2.2.2 中国园林博物馆的专题讲座

中国园林博物馆的专题讲座大致可以分为名人类、文化类、学术类、热点类、论坛类等类别。

在讲座这个自由的空间里，中国园林博物馆有机会和来自各个方面各个行业的人接触，能从他们那里听到许多在博物馆中接触不到的事情；在学术科研讲座上，中国园林博物馆有机会分享专家、学者们潜心研究的成果，聆听他们的观点和见解，了解他们学术人生的平凡与伟大。

2.2.3 中国园林博物馆的流动展览

流动展览是中国园林博物馆的一项重要的工作内容。一是充分利用馆藏资源，满足社区文化需求，扩大博物馆对公众的服务，发掘潜在的观众群体，促进中国园林博物馆工作的良性循环；二是利用资源，有效地发挥博物馆的各项职能，增加中国园林博物馆的社会效益，加强中国园林博物馆在社会公众心目中的地位，充实并丰富社区文化的内涵。

2.2.4 中国园林博物馆的出版读物

出版读物是以传播为目的存储知识信息并具有物质形态的文化产品。中国园林博物馆的出版物包括：以印刷工艺制作出来的图书、期刊和报纸等印刷品，以及以电子技术制作出来的各种音像制品和电子出版物等。

目前，中国园林博物馆已出版《中国园林博物馆筹建大事记》和《中国园林博物馆》等多部介绍中国园林博物馆的书籍。将中国园林博物馆的设计方案征集、设计方案优化过程、展陈设计及环境营建及筹建的主要事件等以图文并茂的形式展现给读者，反映园博馆精心规划、设计以及建设的历程，展示出我国悠久的园林文化，呈现当代园林建设最高科技水平和艺术成就。

2.2.5 中国园林博物馆的文化产品

按照国际博协对博物馆的定义，博物馆属非营利组织。为了促进非营利组织的健康发展，各国政府往往对其经营活动实行税务优惠政策，同时又加强引导和监管，以保证这些经营活动不损害其公益目标。中国园林博物馆开发文化产品最现实的意义是能够从中获取经济收益，增强自身“造血”功能。中国园林博物馆文化产品代表的是公益、博爱、文化、科学和高雅。文化产品是文化消费的对象，中国园林博物馆向公众提供文化产品更多是为了满足公众的文化需求，满足公众以文化休闲的方式进行学习、娱乐、修养身心、社会交往的需要，所以中国园林博物馆品牌与中国园林博物馆文化产品品牌在品牌定位、品牌个性、品牌形象识别等方面存在不同。

2.3 中国园林博物馆的志愿者

当下，博物馆理念的变化使得博物馆的社会教育职能大大加强，而志愿者的存在使博物馆的社会教育职能更丰富、更有层次。志愿者（volunteer）联合国将其定义为“不以利益、金钱、扬名为目的，而是为了近邻乃至世界进行贡献活动者”，指在不为任何物质报酬的情况下，能够主动承担社会责任，不关心报酬地奉献个人的时间及精神的人。根据中国的具体情况，志愿者定义为“自愿参加相关团体组织，在自身条件许可的情况下，在不谋求任何物质、金钱及相关利益回报的前提下，合理运用社会现有的资源，志愿奉献个人可以奉献的东西，为帮助有一定需要的人士，开展力所能及的，切合实际的，具一定专业性、技能性、长期性服务活动的人。”

目前，中国园林博物馆的志愿者管理存在一定难度，过度严格会导致人员流失；而过于宽松则可能导致志愿者无法满足博物馆的专业需求。解决问题的关键还在于相关的志愿者组织机构要充分发挥自主管理作用，中国园林博物馆则要承担起业务“指导者”的角色。

2.4 中国园林博物馆的馆校共建

中国园林博物馆作为中国园林文化的载体，应积极为社会服务，为学校服务。“馆校合作”是模式上的一种创新，有助于更好地发挥中国园林博物馆的社会教育功能，同时也充分利用了高校的人才资源，推动中国园林博物馆与高校共同进步，是一种双赢的举措。

中国园林博物馆实施的社会教育与学校教育的作用是相辅相成、相得益彰的。北京林业大学等高校是中国园林博物馆的“教学实验基地”，双方今后将在教学、科研、学生实习等方面开展合作，这为实现中国园林博物馆教育核心功能打下了坚实的基础。

中国园林博物馆与高校联手有着深远的教育意义。高校以博物馆的文化资源作为教学素材，在帮助完成教学任务的同时，以互动的形式，让学生在参与、体验中继承传统文化，充分调动学生主动获取园林知识的积极性，培养他们爱国的高尚情操，并逐步培养他们热爱园林的感情，加深对园林知识的理解，增强园林保护意识和社会责任感。中国园林博物馆以“青年志愿者”为媒，加强与高校长期合作，发展大学生加入到博物馆志愿服务行列中，使志愿活动长期化、规模化、阵地化。尤其加强与高校历史、旅游、中文、外语等专业大学生的合作，为观众提供特色志愿讲解、咨询、疏导等志愿服务，更好发挥博物馆社会教育功能。

中国园林博物馆以“文物资源”为媒介，通过“请进来、走出去”等方式与高等院校合作开展共建互动，将中国园林博物馆打造成为大学生综合素质教育和实践基地。和高校联合举办“讲解员大赛”、“外语演讲大赛”、“动漫设计大赛”等活动，给大学生提供发挥自己特长的舞台；开展中国园林博物馆文化进校园活动，博物馆将馆内精品文物、历史文化、教育发展等相关内容进行整合创新，制作成既含展览、影像及纸质资料，又有配套讲解、专题讲座等的教育资源包，送入学校，对高校学生进行教育传播和引导，加强博物馆对外宣传。

2.5 中国园林博物馆的群众参与

长期以来，大多数博物馆认为只要把展览做好就行，有没有人参观是另一回事，这就造成了作为公共文化服务体系中一员的博物馆主动服务意识不强，好的展览没有吸引太多观众的现状。因此，我们要转变观念，力求主动，全心全意为公众服务。

当代博物馆教育观念的更新和教育方法的创新，使其传播给观众的知识信息量越来越大，知识传播不再是单向传递，而是双向交流，互为影响。因此，西方有学者认为，博物馆教育的目的是帮助观众“学”，更有学者主张用“交流”一词代替教育。著名学者苏东海认为：“博物馆是通过为观众自我学习提供服务而实现教育目的的”。博物馆教育工作者要以此为指导，创造出更多富有博物馆特色的教育方式和方法。首先是多方构建交流渠道，比如完善并认真分析对待参观意见本、设立馆长信箱、强化网络交流平台等。其次是转变单一的说教模式。要改变博物馆讲解员我讲你听的模式，采取互动式教育，给观众思考的空间，一起探讨，共同进步，由被动的“听”转变为主动地吸收知识，从而最大程度地发挥中国园林博物馆的教育功能。

3 中国园林博物馆社会教育的未来

中国园林博物馆反映了中国文化所追求的天人和谐，尊重自然、与自然和谐共处。中国园林博物馆是自然与技术的完美结合。通过形体布局设计，组织自然通风，降低能耗；高低错落的室外园林主要为南向布置，光照充足且为其带来一片绿荫；体块间的错缝、中庭、凹廊等在利用自然光的同时改善通风。体块的错动与出挑形成自遮阳空间；厚重的外墙体可以抵御寒冷的北风。同时辅以太阳能光伏发电、中水回收、雨水利用、冰蓄冷等生态节能技术，使其成为绿色节能典范。

中国园林博物馆开展社会教育，离不开对观众的调查与研究，更离不开社会公众的参与与支持。中国园林博物馆开展社会教育工作要切实考虑到不同公众群体的文化需求，通过公众最大程度地参与与认可，各取所需，更好为社会民生服务。

记忆是中国园林博物馆的最大功能，如何怀抱未来才是其未来最大的功能，用当下最大的智慧去发现未来的可能性。

Social Education Function Analysis of the Museum of Chinese Gardens and Landscape Architecture

Fan Zhi-peng

Abstract: In the Museum of Chinese Gardens and Landscape Architecture, ten exhibitions and six gardens are set to interpret the artistic characteristics, culture connotation and historic process of Chinese gardens, showing the influence of gardens on the social life of human beings. Social education is the core elements of the museum. Serving the public through social education is an important task of the garden museum. Carrying out diverse education activities to strengthen social education function is the core function of the garden museum.

Key words: The Museum of Chinese Gardens and Landscape Architecture; social education; function

作者简介

范志鹏 / 男 / 北京人 /1981 年生 / 经济师 / 就职于颐和园管理处，曾参加中国园林博物馆筹建

博物馆藏品中廉政教育的研究

王霄煦　薛津玲　潘翔　杨洪杰　庞森尔　李明

摘　要：一些古代藏品中蕴藏着丰富的廉政文化精华，当代中国博物馆作为社会教育机构，承担着重要的社会职能，充分挖掘博物馆藏品中蕴含的廉政文化，借鉴古代反腐败的经验教训，运用和利用历史智慧进行思想品德教育，达到以铜为镜，可以正衣冠；以古为镜，可以知兴替；以人为镜，可以明得失的效果，选取中国园林博物馆近十件展品开展研究工作，为博物馆廉政教育的发展提供借鉴，并对当代或今后社会发展都具有广泛的影响和深远的意义。

关键词：博物馆；廉政教育；展览

1　博物馆的历史与廉政教育职能

世界博物馆的发展历程推进至第二次世界大战以后，从功能业务、馆舍类别到其宏观视野等方面都迎来了崭新的一页。尤其是20世纪后半叶，被称为“新博物馆学运动”的博物馆发展浪潮更是为当今博物馆的众多语境和取向开辟了新的方向。博物馆最早可追溯至古希腊、罗马时期，中国也早在夏商时期就出现了博物馆收藏的早期形态。早期“博物馆”只是作为古物的收藏所，对文物进行收藏和保护，或有一定程度的研究。17世纪，近代意义上的博物馆在欧洲诞生，19世纪末20世纪初由西方传入中国。这一时期，博物馆结束封闭状态，文物藏品开始向公众开放。新中国成立后，尤其是改革开放以来，中国的博物馆事业蓬勃发展。博物馆更加注重对“人”的关注，公众教育职能显著发挥，成为当代博物馆发展的主要特征。自2008年中国博物馆免费开放政策实施以来，博物馆观众人数不断增加，观众结构呈现多元化趋势，公众参与博物馆各类文化教育活动的积极性和主动性日益提升。博物馆在公众生活中扮演着越来越重要的角色。

中国古代的教育家、思想家、政治家们积极思考着个人修身与国家命运的关系，“管民”与“爱民”的辩证关系，积极的道德观念对家国的重要意义。欲明其德必先治国，欲治其国必先齐家，欲齐其家必先修身，欲修其身必先正心，欲正其心必先诚意，格物知致而后意诚。无论天子与庶人，都要以修身为本。中国古代廉正思想是古人修身的重要内容。比如“奉公尚忠”、“以义制利”、“正人先正己”、“平政爱民”、“敬节死制”五原则。“奉公尚忠”，强调对国家公共事业的敬忠和无私奉献；“以义制利”，倡导不贪赃枉法、不以权济私、不放纵欲望；“正人先正己”，要求以身作则、严于律己，以自身言行作为表率；“平政爱民”希望为政者牢记“民本”、“仁爱”原则；“敬节死制”，注重“正气”、“节气”、“操守”对于人的价值。在这里既包括了远大的治国理想，也包括了相对具体的人生观、价值观。

博物馆收藏有大量的艺术珍品，具有对公众进行廉政教育的物质基础和得天独厚的条件，廉政教育也是博物馆发挥教育职能的一个重要方面，对精神文明建设具有重要作用。博物馆是一个国家、地区文化遗产的收藏所，文物藏品蕴含着丰富的廉政文化信息，也是精美绝伦的艺术品，是挖掘其内涵、进行廉政教育的重要依据和载体。博物馆还可以通过精美的展陈设计、多样的陈列形式和生动的讲解营造审美欣赏的氛围，揭示藏品的丰富内涵和文化价值，充分发挥博物馆宣传阵地的作用，达到宣传教育的目的。

现代博物馆专业化发展进程中，围绕的主线就是博物馆服务社会、服务公众思想在理论和实践方面的不断发展和进步。公众教育在博物馆就是将“高雅文化”通过创新转化成大众文化，把历史文化精髓通过凝练做成大众通俗文化，以此拉近博物馆与公众之间的距离。随着社会对博物馆教育需求的不断增加，园博馆逐渐向多功能的文化教育中心方向发展，不断累积了廉政教育方面的工作经验。

2 博物馆展览与公众廉政教育

在中国古代，藏品主要以宫廷内府收藏和私人鉴藏的形式流传，古代艺术精品虽然具有进行廉政教育的物质条件，但因为古物私有的状态，并未发挥公众廉政教育的职能。随着当代博物馆事业的不断发展，博物馆举办的各类主题展览让曾经秘不示人的藏品呈现在普通观众面前，使更多的公众通过参观博物馆体会到绵延不绝的中华传统文化，找寻到华夏儿女恒久不变的精神家园，领略到留存在中华大地上浩瀚而丰富的传统历史文化思想、故事以及史料遗珍，尤其是古代廉政文化可谓灿如星辰，既有穿越时空的厚重感，又有启迪现实的生命力。

中国园林博物馆占地 6.5 万 m^2，建筑面积 49950m^2，由主体建筑、室内展园与室外展区三部分组成，2013 年 5 月开馆运行。2016 年成功举办各类临时展览 22 项，涵盖文物、园林、外展、国际、书画、艺术文化、纪念、摄影设计等八个类型，汇集园林悠久的历史、灿烂的文化、多元的功能、辉煌的成就、深远的影响于一身，弘扬中国传统园林文化，丰富展览展陈内容。

本研究综合党风廉政建设、公众教育、展览展示策划、藏品管理、园林艺术研究等内容，围绕近十件展品挖掘其历史文化、儒家文化、廉政文化等内涵，以景说廉、以人述廉，寓教于乐、寓教于游，陶冶道德情操，培养浩然正气，树立廉洁做人、清廉做事的道德理念和人格操守。展览可通过实物、展板、图片、实景还原、微信推送、微视频讲解等方式生动直观地诠释古人廉政智慧，让观众从藏品中、讲解中、动手体验中获得更加直观的廉政欣赏体验和警示教育。

一是中国园林博物馆藏明万历“青花周敦颐爱莲说人物故事盘”(图 1)，青花瓷色调明快、青白交映、浓淡相宜、层次分明，令人赏心悦目。中国园林博物馆收藏的这件青花瓷盘，盘心用青花绘出周敦颐爱莲说部分场景，青山垂柳旁，童子手莲出淤泥不染、香远益清、亭亭净植等气质，盘腹内壁饰开光渔樵耕读人物图。周敦颐一生淡泊名利，为官廉判明断，史上与包公并列，是廉官代表。他以游历山水作为明志养心之举，舍弃追名逐利之心，写下名篇《爱莲说》，以莲自喻，表达自己特立独行的高尚爱好和清廉之志。莲，被称为君子之花，周敦颐《爱莲说》中描述莲“出淤泥而不染，濯清涟而不妖，中通外直，不蔓不枝，亭亭净植，可远观而不可亵玩焉。”充分体现了莲的自然秉性和形态特征。文中虽然写的是花，而喻的是为人的准则。“莲”与“廉”谐音，所以自古以来被推崇为圣洁至尊。在一些瓷器、园林中的石质陈设中，常用莲花图案表示“清廉”寓意。一束莲可喻为“一生清廉或为官清正廉明”。从明永乐至清中期的帝王常用此赏赐大臣，以此来警示大臣为官清廉。青花瓷器中的一束莲纹既让我们欣赏到古代匠人精湛的画工，更让我们深入地了解中国博大精深的传统文化，还能让我们感受古人洁身自好、清正廉洁的高风亮节。

图 1 青花周敦颐爱莲说人物故事盘

二是中国园林博物馆藏，西周，四十三年逨鼎（复制品）(图 2)。鼎是中国古代一种重要的青铜礼器，青铜的冶炼标志着人类第一次用自己的智慧改变了矿石的属性，创造出崭新的世界。“一言九鼎”、“加官晋爵”、“觥筹交错”、“钟鸣鼎食”……，这些成语都与青铜器的鼎有关。西周时期非常重视廉政制度的建设，并逐渐探索形成了一套有效的制度。逨鼎就是通过册命制度，以明确君臣关系，确定王臣尽心为政的本分。这件西周时期的四十三年逨鼎，铭文 31 行，计 316 字，记述王四十三年六月既生霸丁亥这一天，王在周康宫，逨因担任虞林，供应王室山泽物产有功，册封为官司历人，王训导其如何施政，并赏赐了矩鬯一卣、玄色礼服、赤色鞋子、驹车一乘。逨答谢天子的赏赐，为祭祀其亡父龚叔制作了这个鼎，子子孙孙永远保用。铭文记录了完整的年、月、日、月相及册封仪式。铭文着重描述了王对逨升职前诫勉谈话的内容及施政要求，要他时刻谨慎，不要贪图安逸，放纵自己，必须依法施政，审讯庶民要明辨是非，更不可中饱私囊，欺侮那些无依无靠的人。这是对臣子为官之道的要求，也是对臣下廉政的要求。

三是中国园林博物馆馆藏，清代，“一路青莲”石墩（图 3）。“一鹭青莲”隐喻“一路清廉”，镌刻石间、震撼心间！青莲与“清廉”谐音，一鹭与“一路”同声。青莲者，为官清正、一尘不染、廉洁公正。路，同在每一个人脚下，不同的人却走出了不同的路，演绎出了千差万别的人生。当目光被画面吸引时，心弦也被深深地弹拨着，一路清廉，又何尝不是为政者执政之真谛所在呢？历史是现实的镜子。古人为

图 2　逨鼎（复制品）

图 3　“一路青莲”石墩

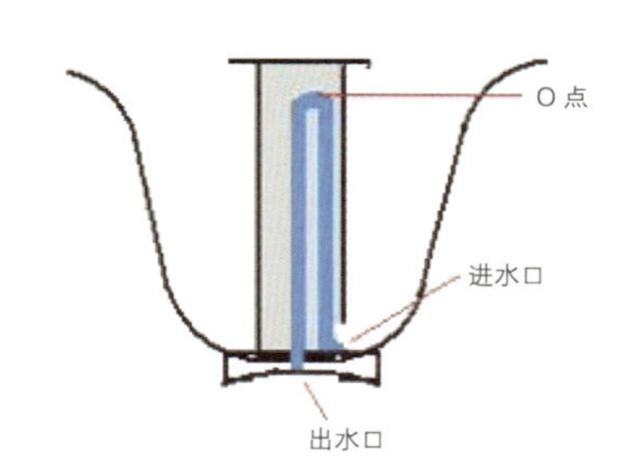

图 4　戒贪杯原理

了告诫后人，将做人为官之道篆刻于石上，用暗喻的手法，绘制了一路青（清）莲（廉）等图案，这在明清时期的青花和粉彩瓷器中均有发现。此画意为“一路青莲”，它实际上寓意做人做官也要像莲花一样保持一生（一路）清（青）廉（莲）。古人将成败得失，作了带有哲理性的概括。

四是戒贪杯。虹吸道置入茶杯之中（图中 O、O 两点在壁内连通），则形成一个奇妙的“戒贪杯”（图 4）。其水流通道的制作，可以用易燃的线状材料预埋在陶坯中，陶坯烧炼就可以形成孔道。在向杯中加水时，右侧孔道内的水位升高，但只要水面不超过虹吸道的最高点 O，杯中的水可以留存。而一旦水位超过 O 点，则杯中的水就开始从左侧的通道流出。其后，在虹吸作用下，不管水位多低水都会持续不断地流出，最后杯中可以滴水不剩。这一现象体现了如下的事实：如果斟酒太满，满过了虹吸管的顶端，变回产生虹吸现象，把杯中的酒全部漏掉，如不斟太满，则可正常引用，戒贪杯告诫人们，切不可产生贪婪之心，否则将一无所有。量变引起质变，质变是不可逆的，而临界点是隐蔽的。

五是二十四孝古陶砖。自古以来“孝以廉为要，廉以孝为本”，“孝廉”不仅是汉武帝时期的察举考试，还是明、清时期对举人的雅称，清代画者更是将“孝”的教化生动直观地表现在《二十四孝图》里（图 5）。人们对理论、道德、价值、名利的真假、美丑的去向通过这些文物清晰得以表达，还以这样的方式代代相传。也正是这样的教化方式“润物细无声”地浸润滋养了无数后代人，构筑了全社会良好的“廉政文化”氛围。

图 5　二十四孝图

3 当代博物馆公众职能的发挥及思考

在博物馆事业不断发展的当下，公众教育职能的发挥已取得显著成效。博物馆通过展览展示，让书画作品、古陶青铜等等藏品不再束之高阁，不再只是少数人的收藏，将藏品本身具有的文化信息和艺术之美传播给更广泛的社会公众，架起了一座沟通博物馆与社会公众的桥梁，逐步发挥了博物馆的公众教育职能，但今后的道路任重而道远，还需要在藏品的文字说明上下功夫，通过简明扼要的文字说明来传递展品中无法明确显现出来的信息和知识引导以激发观众思考，引发兴趣，沟通情感，产生共鸣，真正使“每件文物都承载一个故事”让游客由“逛”博物馆的初衷，转变为参观的目的。通过简明、准确、精辟、生动的各类说明，向观众阐明其最想了解的文物信息，讲解词应深入浅出，科普化，利用文字、多媒体、图片、讲解及声光电等辅助手段，增加观众对展览的理解，使参观有所收获，对提高自身素质有所帮助，进而愿意将参观博物馆视为其文化生活的一部分。此外，与博物馆展览相配合的文化教育活动和文创产品开发也应进一步深化，让普通观众在看懂的同时，还可直接参与其中，通过展览配套活动，更进一步穿越时空体验其中，真切感受、欣赏、融入其中蕴含的经典之美，更在参观结束后，愿意将与之展览配套的文创产品带回家。

参考文献

[1] 王思渝．从《国际博物馆》看世界博物馆发展 [J]．东南文化，2016(01)．
[2] 艾心．博物馆展览与公众美育——以故宫博物院“《石渠宝笈》特展”为例 [J]．与时代：城市版，2016(04)．
[3] 苗玉梅．充分发挥博物馆教育阵地作用大力加强廉政文化建设 [J]．科技世界．
[4] 黄钊．弘扬儒家廉政文化，推进和谐社会建设 [J]．湖北社会科学，2007(08)．
[5] 张云峰．博物馆展示设计中新媒体的应用研究 [D]．齐鲁工业大学，2016.

Anti-corruption Education Study on the Museum Collections

Wang Xiao-xu Xue Jin-ling Pan Xiang Yang Hong-jie Pang Sen-er Li Ming

Abstract: Some ancient collections posses rich incorruptible cultural essence. As a social educational organization, contemporary Chinese museum undertakes important social function, excavates the incorruptible culture , draws lessons against corruption from ancient, and educates with history intelligence to act as a mirror, and to know from gains and losses. This study analyzed nearly ten exhibits of the Museum of Chinese Gardens and Landscape Architecture, which takes as a reference for the development of incorruption education, and make profound and significant historical influence for the contemporary and future social development.

Key words: museum; anti-corporation education; exhibition

作者简介

王霄煦 /1990 年生 / 北京人 / 助理馆员 / 就职于中国园林博物馆展陈开放部 / 研究方向为园林、展览展陈
薛津玲 /1963 年生 / 安徽人 / 助理工程师 / 就职于中国园林博物馆办公室 / 研究方向为党建、廉政
潘翔 /1982 年生 / 北京人 / 就职于中国园林博物馆办公室 / 研究方向为党建、群团
杨洪杰 /1985 年生 / 北京人 / 助理政工师 / 就职于中国园林博物馆办公室 / 研究方向为党风廉政建设
庞森尔 /1992 年生 / 北京人 / 就职于中国园林博物馆宣传教育部 / 研究方向为园林历史、文化、讲解服务
李明 / 男 /1989 年生 / 助理馆员 / 就职于中国园林博物馆藏品保管部 / 研究方向为文物保护、博物馆理论

中国园林博物馆人才建设刍论

马超

摘　要：本文通过对博物馆人才结构共性、中国园林博物馆人才结构个性、事业发展与人才队伍要求的辨证关系，以及人才队伍建设的途径与保障措施等方面的分析，全面阐述了建设国家级园林博物馆所需人才及其人才队伍建设的有效办法。

关键词：中国园林博物馆；人才建设；专业需求

博物馆学家苏东海曾指出：新世纪里博物馆事业的命运取决于博物馆的人才状况，人才是博物馆事业发展的关键。拥有高素质的人才并且进行高效合理的开发、使用，博物馆事业就能在市场经济大潮中积极、稳步地发展。因此，建设一支结构合理的博物馆人才队伍，是博物馆人才队伍建设的一个重要目标之一。2013年开馆以来，中国园林博物馆通过对博物馆学理论及其他博物馆成功经验的研究，在对整个博物馆事业共性规律认识的同时，努力探索和把握园博馆自身特殊的运行规律和发展模式。本文针对园博馆基本功能、人才队伍结构、所需专业技术人才几个核心问题，对本馆人才队伍建设及专业类别需求谈些粗浅的认识。

1　中国博物馆界人才现状

早在1978年，联合国教科文组织专题研究后规定：一座拥有常设展厅3000m^2，特别展厅300m^2，库房1000m^{2}的博物馆，要有70人的配置，其中馆长、副馆长、业务管理人员、博物馆学专家、学科负责人和教育人员等专业人员以及其他技术人员要达到60%以上[①]。2008年2月《全国博物馆评估办法（试行）》版本中明确要求：一至三类博物馆人力资源除要符合“人才队伍，梯队合理”外，还应根据等级要求分别具备“在编人数75%至60%以上的专业资质人员”。

但是中国博物馆行业从业人员素质的实际现状仍有待提高，2014年故宫博物院院长单霁翔在全国政协提案中曾指出：“当前文博人才队伍中存在着一些突出问题：一是人才总量明显不足，素质相对偏低；全国文博从业人员11.1万人，其中专业技术人员3.7万人，仅占从业人员总数的33%；二是文物博物馆单位中高、中级专业级技术岗位的设置比例明显偏低。高等院校现行高、中、初专业技术岗位比例控制目标为5：4：1，而文物博物单位却为1：3：6；三是文物博物馆人才结构不合理，复合型人才匮乏，领军人才凤毛麟角，应用型、技能型人才严重不足，特别是文物保护规划设计、文物保护与修复、文物鉴定、展览策划、社会教育、文化传播、信息技术等方面人才更为急缺。我国现有的文博队伍人才队伍无论是人才总量，还是总体素质、能力，都难以适应文博事业快速发展的要求。”。

因在人才建设方面存在着认识上的偏差，政策上的缺失，体制上的僵化，导致专业技术人才的短缺，不仅是整个文物博物馆人才队伍建设中最紧迫，最突出的问题，也是制约中国园林博物馆事业长远发展的基础性、瓶颈性问题。

2　中国园林博物馆现有人员结构分析

博物馆人才队伍结构，是指博物馆人才队伍成员的各种要素的数量构成比例及其组合关系。人才队伍结构是一个多要素、多层次的动态组合体。一个优化的人才队伍结构，是人才队伍群体内各种要素的最佳组合，或称合理配置。合理

① 联合国教科文组织1978年12月在马尼拉召开的发展中国家科技陈物馆专家会议上提出的文件为基础，经过讨论后通过的。

配置的依据是博物馆的性质、任务和规模。下面，对中国园林博物馆现有人员结构进行全面解析。

2.1 中国园林博物馆对人才队伍建设的要求

为了满足中国园林博物馆的基本功能的要求，其人才队伍建设构建中应该包括对博物馆学基础知识的要求、对历史知识的要求以及对园林文化知识的要求等。

第一，具有博物馆通用技能的专业人才队伍。主要是指中国园林博物馆要有一批熟练掌握博物馆收集、整理、保存、研究、陈列展出和宣传教育工作的专业人才队伍。

第二，具有与中国园林博物馆藏品相关学科的专业研究人才队伍。在博物馆的类型中，中国园林博物馆属于专业性博物馆。其专业人才对与本馆藏品相关的园林文化遗产研究、园林历史研究、园林资源研究、民族与民俗学研究方面知识和方法的掌握至关重要。这方面的专业性程度决定着中国园林博物馆业务的社会可信度和责任度。例如，对园林藏品的收集、鉴定、分类、整理、保存、研究，乃至陈列内容的策划与组织及其围绕陈列展览展开的各种教育活动，都有赖于高素质专业人才对园林知识的了解和把握。

第三，具有广泛工作领域的技术队伍。中国园林博物馆收藏的范围具有广博性特征，藏品的社会属性横跨社会科学和自然科学，物质属性兼顾了有机材质（如丝绸、纸张、皮革、竹、木、漆以及各种标本）和无机材质（如铜、陶、瓷、石、玉等）。所以，园林文物的复制、修复、装裱、科学实验以及标本制作等，也需要拥有一支相应的技术人员队伍。

第四，具有综合才能的业务管理队伍。作为一座国家级的专业博物馆，中国园林博物馆需要一支具有较高政治觉悟、熟悉园林藏品、具有研究和教育传播相关的知识和技能以及良好的组织管理能力和社会资源开发能力的综合型业务管理队伍。科学高效的业务管理既是现代博物馆的发展趋势，也是中国园林博物馆成功与否的核心要素之一。

2.2 中国园林博物馆现有人才队伍分析

博物馆不仅需要独具特色的专家、学者，如文物鉴定专家、文物修复专家、文物保护技术专家等。还需要博物馆专业技术人员整体上有较高的水平，即优化的群体结构，这包括专业技术人员队伍的年龄结构、学历结构、职务结构、专业结构等。在年龄结构上，要老、中、青相结合，中青年人员要占多数；在学历结构上，要以高学历人员为主，即硕士、博士毕业生；在职务结构上，助理研究馆员、馆员、副研究馆员和研究馆员都应有合理的比例。

2.2.1 现有人员年龄结构分析

年龄结构，指人才队伍成员的年龄构成状况。而年龄跟人的创造力直接相关，精力的充沛与否直接影响着工作效率。根据国际通行的划分标准，我们将中国园林博物馆的工作人员分为青年工作者（≤ 35 岁）、中年工作者（35 ~ 50 岁）和老年工作者（>50 岁）。截至 2016 年 10 月，园博馆共有在编工作人员 55 人，青年工作者有 34 人，约占总人数的 62%；中年工作者有 18 人，约占总人数的 30%；老年工作者有 4 人，约占总人数的 8%。

中国园林博物馆于 2013 年正式运行，作为北京市公园管理中心下属单位，当年进馆的普通工作人员大多是由公园系统选调的 30 岁左右的年轻人，只有少数管理层为经验丰富的中老年工作人员。由于缺乏中坚力量，这种金字塔形的人员年龄结构导致了在工作中大材小用、小材大用的现象。但由于受到编制的制约，想尽快改善人员的年龄结构显然是不现实的。为避免类似矛盾出现，今后应该注意：考虑博物馆的规模和发展的需要确定人数；考虑到同一层次的人员未来的职务聘任问题。只有老中青比例均衡，才能促进工作开展。

2.2.2 现有人员学历结构分析

学历结构，是指人才队伍中具有各种不同学历、学位的成员数量的构成情况。学历是一个人所受教育程度的凭证，它虽然不能跟某个人的知识、能力画等号，但一般来讲，学历越高，知识面越广，视野越开阔，科研能力也越强。世界上许多国家级博物馆，都比较注重人员学历。美国、日本等国都在博物馆工作者的教育背景方面设定了严格的门槛。博物馆应该是高素质人员集中的场所，低于硕士研究生水平的人一般是无法从事博物馆核心工作的。在有着数百年博物馆发展史的欧美等地，馆长基本上都有博士学位，而中国目前只有不到 20 位馆长是真正意义上的博士。可见，博物馆增加高学历人员，无论是对提高博物馆工作效率，还是加强对文物的保护、研究的深度等，都有不可低估的意义。但是，在对博物馆人员学历结构的追求上，我们必须从各博物馆的实际情况出发，决不能搞一刀切。

分析中国园林博物馆工作人员学历标准时参照国外博物馆对从业人员的学历要求，以大学学历历作为分界线。目前馆内具有研究生以上学历者只有 14 人，仅占总人数的 25%（图 1），低于国际上博物馆高学历人才的比例。有必要进一步说明的是，在获得研究生以上学历的 14 人中，博物馆学 0 人，历史学 2 人；园林学 5 人；教育学 1 人；其他专业 6

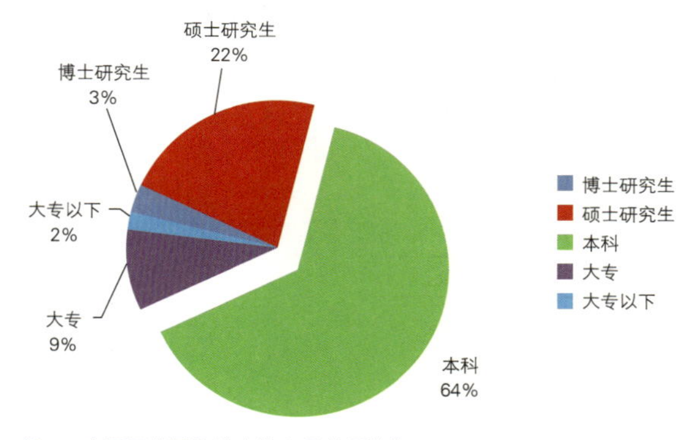

图 1 中国园林博物馆在编人员学历结构

人。由此可见，中国园林博物馆无论是学历层次还是学科涉及面，都存在着一定的缺陷。

2.2.3 现有人员专业技术结构分析

职称结构是指人才队伍中具有初、中、高各级职称的成员数量的构成状况。它是衡量人才队伍群体素质状况的尺度之一。人员的专业职称在很大程度上反映了其专业技术水平的重要标志。从一般意义上讲，一所博物馆的高级职称的人数多寡，在很大程度上就是该博物馆人才队伍整体实力强弱的指标。博物馆的规模、任务决定着与其相适应的人才队伍的职称结构，而人才队伍的职称结构要与博物馆所承担的收藏、保护和研究任务相适应。也就是博物馆人才队伍职称结构合理与否的客观依据。从中国园林博物馆现有的55名工作人员的情况看，高级职称、中级职称、初级职称的比例为11：4：29。不难看出，园博馆现有人员的职称结构呈葫芦形，中间断层问题凸显。

通过走访调研本市及外埠同体量博物馆人员岗位情况发现，中国园林博物馆42%专技人员结构难以支撑庞大的博物馆研究体系，像首都博物馆、上海博物馆等国家知名博物馆，其专业技术人员均占编制人数的85%，自然博物馆专业技术人员比例更是高达90%（图2）。受公园系统人才队伍影响，现有专业技术职称系列以工程系列为重，专业技术人员职称类别单一，如展览设计、文物修复等许多专业技术职称在本馆还处于空白期，这显然与博物馆功能要求和发展实际需求不相适应。

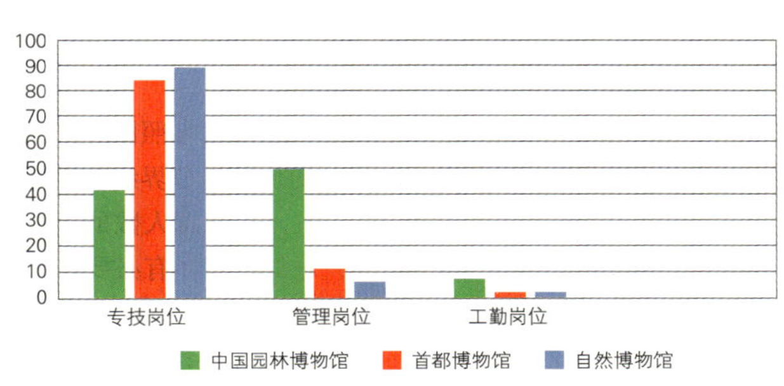

图2 不同博物馆及其不同岗位比例对比

2.2.4 现有人员知识结构分析

知识结构是指人才队伍中成员所具有不同的知识种类、知识深度、知识水平等的构成状况。就博物馆工作人员而言，要想完成好文物保护、陈列展览、科学研究和宣传教育等任务，就必须掌握博物馆专业的基础知识、相应的专业知识和相关的科学知识，成为复合型人才，既要掌握收藏、陈列、保护、修复等基础知识，又要有诗歌辞赋、书画茶香等方面的鉴赏能力。通过对现有人员分析显示，中国园林博物馆四大业务部门在职人员所学专业中（最高学历）文博相关专业人员仅为2人，艺术类相关专业更是处于空白。这些数据表明园博馆既缺乏文博方面的专业人才，也缺乏复合型人才。

2.2.5 中国园林博物馆人才队伍存在的问题

通过以上数据分析，可以看到：岗位方面，非专技岗位人数大于专技岗位人数近十个百分比；专业方面，多达44个专业，真正专业对口的仅占7%；学历方面，博士仅为2人，研究生学历（含在职研究生）12人，共占人员学历结构的26%。“干部比重过大”、“所学专业不对口”和“文化水平偏低”这几个问题将是今后困扰中国园林博物馆事业发展的主要瓶颈。

3 中国园林博物馆人才队伍建设的对策建议

因在人才建设方面存在着认识上的偏差，政策上的缺失，体制上的僵化，导致专业技术人才的短缺的现况，不仅是中国园林博物馆人才队伍建设中最紧迫、最突出的问题，也是制约其事业长远发展的基础性、瓶颈性问题。结合中国园林博物馆人才队伍建设的基本思路，应从以下两个方面入手。

3.1 明确中国园林博物馆所需人才及专业类别

现代博物馆的功能已从传统的对文物的保管、收藏、研究转变到了展示和传播文化知识。通过上文的分析和其他博物馆成功经验的总结，中国园林博物馆应该具有历史性博物馆、自然类博物馆、科技类博物馆的特征。对应到人才队伍建设方面，应涵盖以下7个方面：

（1）博物馆学和历史学领域高学历人才。

（2）藏品征集、研究、文物保护修复领域相关人才。

（3）展览策划设计高级人才。

（4）教育活动规划与实现人才。

（5）文化产品开发经营人才。

（6）文化活动交流人才

（7）电子信息化人才。

这七类人才分别涉及六大系类17门专业学科，如下表所示。

中国园林博物馆所需人才专业一览表　　表1

职称系列	文物博物	工艺美术	图书资料	工程技术	新闻	经济
专业	博物馆 文物鉴定 考古	展览 设计	图书资料 档案、	园林绿化 园艺 植物保护 电子信息	数字编辑 新闻 出版	会计 统计 人力资源 经济管理

注：以上职称专业来源《北京市专业技术职称考试评审安排一览表》。

3.2 塑造中国园林博物馆人才队伍的办法

第一，参照博物馆等级评估要求，调整专业技术岗位在总体编制中的比例。中国园林博物馆现有编制岗位60个，专业技术岗位25个，仅占岗位总量的42%，这与国家三级（县级）博物馆所需专业技术岗位60%，还相差很远，更何况是国家一级博物馆70%的要求。所以需要通过增加编制来解决专业技术岗位比例过低的现状，根据对中国园林博物馆现有工作量的分析，亟须增加25个专业技术岗位以满足未来事业发展的需要。

第二，优化中国园林博物馆专业人才队伍结构，增加博物馆专业型人才数量。中国园林博物馆作为一座专业博物馆具有展示、收藏、科研、教育、园林艺术研究等多种功能，其定位于专业技术性质为主的事业单位。但由于前期组建期间的历史特殊原因，造成中国园林博物馆现有的24名专业技术人员多为园林绿化系列，以高级岗位为例，现聘的6名高级专业技术岗位人员中5名为园林绿化专业，占高级职称比例的83%。为了博物馆事业发展的可持续性，亟须增加博物馆方向的高级专业技术人员5名。

第三，争取政策扶持，通过引进学术型人才提升中国园林博物馆业内影响力。积极而审慎地吸收一批学有专长和事业发展所急需的业内知名学者或科研带头人。通过对学术型人才的引进，达到填补专业缺项、活跃学术气氛、多出成果和快出成果的目的。可借鉴上海博物馆客座研究员的成功案例，根据馆内阶段性任务要求邀请业内知名学者来馆进行学术交流或参与课题研究。

4 结语

中国园林博物馆要把握住当前文博行业发展的机遇，尽快解决现存的人才问题，通过逐步调整现有的人才结构，加大人才的培养力度，引进人才市场机制和建立人才交流中心等措施，认真地解决好中国园林博物馆事业全面发展的关键性问题，争取在一个五年或两个五年中建立一支高素质的文博人才队伍，为中国园林事业作出更大的贡献。

参考文献

[1] 单霁翔.关于加快文化遗产保护人才培养的提案[J].新视野，文化遗产保护论丛第2辑.
[2] 陆建松.博物馆专业人才培养和学科发展.
[3] 王格昌.博物馆人才战略的实施途径[J].发展,2009,08.

Talents Establishment for The Museum of Chinese Gardens and Landscape Architecture

Ma Chao

Abstrat: This essay analyzes the common features of talent structure, the individuation of Landscape Architecture talents, the development between enterprise and talents, the effective approaches and auxiliary safeguard mechanism for talents establishment, and tries to find out which kind of talents needed and how to establish the team.

Key words: The museum of Chinese Gardens and Landscape Architecture; talents establishment; requirement of professionals

作者简介

马超/1979年生/女/硕士/国家一级（高级）人力资源师/毕业于北京市委党校/就职于中国园林博物馆北京筹备办公室人力资源部/研究方向为人力资源管理

综合资讯

2017年1月第三批国家一级博物馆名单出炉

中国博物馆协会于 2016 年 10 月至 12 月组织开展了第三批国家一级博物馆定级评估工作，2017 年 1 月 19 日中国博物馆协会第六届七次理事长会议审议核准，北京天文馆等 34 家博物馆为第三批国家一级博物馆。

第三批国家一级博物馆名单

省、市、自治区	单位
北京市	北京天文馆
	文化部恭王府博物馆
河北省	邯郸市博物馆
内蒙古自治区	鄂尔多斯博物馆
辽宁省	沈阳故宫博物院
	大连现代博物馆
吉林省	伪满皇宫博物院
黑龙江省	大庆博物馆
上海市	陈云纪念馆
江苏省	常州博物馆
	南京市博物总馆
浙江省	温州博物馆
	杭州博物馆
安徽省	安徽中国徽州文化博物馆
福建省	中央苏区（闽西）历史博物馆
江西省	安源路矿工人运动纪念馆
山东省	烟台市博物馆
	潍坊市博物馆
河南省	开封市博物馆
	鄂豫皖苏区首府革命博物馆
湖北省	辛亥革命武昌起义纪念馆
	武汉市中山舰博物馆
湖南省	长沙简牍博物馆
广东省	广州博物馆
	广东民间工艺博物馆
广西壮族自治区	广西民族博物馆
重庆市	重庆自然博物馆
四川省	自贡市盐业历史博物馆
陕西省	宝鸡青铜器博物院
	西安大唐西市博物馆
甘肃省	天水市博物馆
	敦煌研究院
青海省	青海省博物馆
新疆维吾尔自治区	吐鲁番博物馆

2017年1月21日，晋韵剪纸和惟妙彩塑两项新春特展亮相中国园林博物馆

“晋之韵——山西剪纸精品展”由中国园林博物馆和山西省民间剪纸艺术家协会主办，展出 8 位山西剪纸非遗传人 200 余件（套）剪纸作品，让观众感受浓郁的民间乡土气息和百姓生活的淳朴民风，体会剪纸艺术浓厚的历史文化，领略中国园林文化的源远流长、博大精深。

“惟妙彩塑 悠久传承——天津泥人张传人逯彤彩塑艺术展”由中国园林博物馆和逯彤艺术工作室共同主办，以“泥人张”的历史源流、艺术特色、彩塑技艺、文化传承为主线，汇集了逯彤老师酒塑千秋、桃园春恋、红楼梦、水浒传等主题 50 余件（套）彩塑作品，使观众在感受惟妙惟肖泥人的同时了解非遗传统技艺及文化。

2017年1月25日，“2019世园会大众参与创意展园方案征集大赛获奖作品展”在中国园林博物馆开幕

此次展览由北京世界园艺博览会事务协调局、中国风景园林学会主办，北京园林学会、中国园林博物馆承办，旨在提升和激发广大民众对园林艺术的认知和兴趣，提升大众关注度，让更多的人了解并参与其中。展出作品涵盖环保、低碳、可持续发展；园艺与儿童；园艺与健康；园艺与文化四个主题，展现了作者的活跃思维和创新意识，同时作品也具有较高的设计水平。

2017年4月7日，国家文物局召开第一次全国可移动文物普查成果新闻发布会

2012 ~ 2016 年，国务院统一部署开展了第一次全国可移动文物普查，范围是我国境内（不包括港澳台地区）各类国有单位收藏保管的可移动文物，调查 102 万个国有单位，普查全国可移动文物共计 10815 万件 / 套。其中按照普查统一标准登录文物完整信息的国有可移动文物 2661 万件 / 套（实际数量 6407 万件），纳入普查统计的各级档案机构的纸质历史档案 8154 万卷 / 件。新发现重要文物 7084149 件 / 套。

2017年5月4日，京津冀古树名木保护专家委员会成立

京津冀古树名木保护专家委员会成立大会在石家庄召开。来自北京林业大学、北京市公园管理中心、河北省风景园林与自然遗产管理中心、天津市园林绿化研究所、中科院植物研究所、中国林科院林业所、北京市园林绿化局石家庄市园林局、河北农业大学等单位的 21 名行业专家成为京津冀古树名木保护专家委员会成员。京津冀古树名木保护专家委员会的成立，是三地在古树名木保护方面开展合作的又一重要成果。专家委员会将充分借鉴三地在古树保护方面的经验做法，取长补短，实现人才、技术、信息共享，提升京津冀乃至整个华北地区的古树名木保护水平。

2017年5月26日国际风景园林教育大会在北京举办

2017 中国风景园林教育大会暨（国际）CELA 教育大会在北京举办，这是历史上两大年会首次合办，也是（国际）CELA 教育大会首

次在中国召开。本次大会以“沟通（bridging）”为主题，旨在突出风景园林学科中思想的交汇碰撞，不同学科与文化之间的理念交流以及知识与经验的分享。来自国内外的近800名风景园林行业人员前来参加了此次盛会。

2017年5月20至27日全国科技活动周暨北京科技周主场活动在民族文化宫举行

本次活动以“科技强国、创新圆梦”为主题，展示了北京及全国各地的科技创新成果，刘延东副总理、郭金龙书记、蔡奇市长等领导出席启动式。中国园林博物馆“基于VR技术的中国古典皇家园林互动展示系统”及“古今园林中的水分对话”两个项目入选此次活动，以互动体验及模型展示中国园林中的科技魅力。

2017年6月2日中国首个国家公园条例出台

中国首个国家公园体制试点《三江源国家公园条例（试行）》正式审议通过，将于2017年8月1日起施行。条例分总则、管理体制、规划建设、资源保护、利用管理、社会参与等八章内容，为全国形成可复制、可推广的保护管理经验，提供了现实需要。三江源国家公园包括长江源（可可西里）、黄河源、澜沧江源“一园三区”，总面积12.31万km^2，旨在实现自然资源的持久保育和永续利用，保护国家重要生态安全屏障，促进生态文明建设。

2017年6月6日中国世界遗产成就展在园博馆开幕

为了唤起和增强全社会关心、支持、参与遗产保护的意识，经国务院批准，自2017年起每年6月第二个星期六设立为“文化和自然遗产日”，体现国家对自然和文化遗产事业的高度重视。6月6日上午，为迎接即将到来的首个“文化和自然遗产日”，由住房和城乡建设部主办，住房和城乡建设部世界自然遗产保护研究中心、中国园林博物馆承办的“中国世界遗产成就展”在园博馆正式开幕。

2017年6月20日法式花园及法国肖蒙城堡图片展在园博馆开幕

6月20日，法式花园在中国园林博物馆举行落成仪式，这是法国园林首次进京城实景展示，突出了绿色环保的理念。此次在中国园林博物馆展示的“法式花园”，由两位法国著名园林设计师共同主持设计，再现了17世纪法国风景大师安德烈·勒诺特设计的一个四方形花园院落的一部分，并与法国肖蒙城堡内的园林设计风格一致。

2017年7月可可西里、鼓浪屿申遗成功

经联合国教科文组织第41届世界遗产委员会大会审议，7月7日，中国“青海可可西里”获准列入世界自然遗产名录，7月8日，中国福建厦门“鼓浪屿历史国际社区”获准列入世界文化遗产名录。可可西里与鼓浪屿，一个被誉为青藏高原“青色的山梁”，一个是中国东南部的“海上明珠”，它们的自然魅力与文化价值在申遗中大放光彩。至此我国世界遗产总数达到52项。

2017年7月23日至29日19届国际植物学大会在深圳举行

会议以“绿色创造未来”为主题，倡导关注植物、关注未来，有5场公众报告、12场全会报告、33场主旨报告、49场卫星会议、212场研讨会、1452个专题演讲，来自77个国家及地区的6850名代表参会，习近平主席致信表示祝贺。专家学者们就植物科学发展、生物多样性保护、生态环境与气候变化、植物与社会等主题进行了深入交流，并发布了《植物科学深圳宣言》，提出了7个优先领域的号召，链接植物科学与社会，共建绿色永续地球。

图书在版编目（CIP）数据

中国园林博物馆学刊 03 / 中国园林博物馆主编．北京：中国建筑工业出版社，2018.1
ISBN 978-7-112-21540-9

Ⅰ.①中… Ⅱ.①中… Ⅲ.①园林艺术—博物馆事业—中国—文集 Ⅳ.① TU986.1-53

中国版本图书馆 CIP 数据核字（2017）第 288920 号

责任编辑：杜 洁 兰丽婷
责任校对：焦 乐

中国园林博物馆学刊 03
中国园林博物馆 主编
*
中国建筑工业出版社出版、发行（北京海淀三里河路9号）
各地新华书店、建筑书店经销
北京京点图文设计有限公司制版
北京雅昌艺术印刷有限公司印刷
*
开本：880×1230 毫米 1/16 印张：5¾ 字数：216千字
2017 年 9 月第一版 2017 年 9 月第一次印刷
定价：48.00元
ISBN 978-7-112-21540-9
（31206）